新 編
マイクロコンピュータ技術入門

博士(理学) 松田 忠重
博士(工学) 佐藤 徹哉 共著

コロナ社

は　じ　め　に

　本書の前著である「マイクロコンピュータ技術入門」の初版から18年が経過した。卒業して社会に出てから本書の初版本に再度目を通した，などのうれしい声を聞かせてもらったこともあったが，この18年間の技術進歩は大きく，また初版には未熟で至らない説明も多々あることに気づき永らく気になっていた。

　この度，共著者を迎え，共著者とともに初版における説明の未熟な点を直し，また現在の学習環境に合わせて内容も構成も少し変えて，新編として再発行することとなった。

　コンピュータは人に代わって思考できるところが，それまでの道具とは異なる。コンピュータは現在，将棋のプロ棋士に勝ったり，地球規模で気象予測ができるまでになった。またコンピュータは，10万馬力もの大形ジェット機の頭脳となったり，日常の身の周りにおいては，携帯電話，炊飯器，テレビ，自動車など多くのものに組み込まれている。現代はコンピュータ文明と言ってよい。コンピュータは人間を超える思考力を発揮したり，人間の代わりに思考したりするようになったのである。今や人間がコンピュータや機械に勝てるのは，夢をみる（ビジョンをもつ）こと，祈る（思念する）ことだけになったと思われる。

　本書は，コンピュータがいったいどのような仕組みで思考することができるのかをわかりやすく説明することを目的としている。

　コンピュータの思考は，論理，算術，記憶を基にして行われる。論理は，3つの基本論理：AND，OR，NOTのどれか，またはそれらの組み合わせで行われ，算術は，これらの論理回路の組み合わせで行われ，また記憶も，SRAMと呼ばれる記憶回路では算術回路同様にこれらの組み合わせを基にして行われる。これら論理，算術，記憶を行う電子回路はIC化されている。コンピュータはこのような電子回路を基にした思考できる機械である。

はじめに

　この機械が思考するとき，論理，算術，記憶の操作命令とそれらが扱うデータ，すなわち情報は電気信号となって回路を伝わる。第1部では，これら情報（おもにデータ）がどのようにコンピュータの言葉（2進数）に置き換えられるのかがまず説明され，次に，論理，算術，記憶がどのような回路で行われるのかが説明されている。ただし，第1部の記憶回路に関しては論理回路を基にした SRAM だけが取り上げられている。それは，論理回路で記憶できるということは，電荷の蓄積などを基に記憶できる，という原理よりも理解しにくく不思議で興味深いと思えるからである。

　第1部で説明されたところの各種データについてとそれらを処理する回路をふまえて，第2部ではプログラムとプログラム処理の仕組みについて説明される。ここでの各種回路や装置の中身はブラックボックスとして扱われている。プログラムとデータはソフトウェアとよばれ，プログラム処理を行うための各種装置はハードウェアとよばれ，これらは車の両輪のようなものなので最初はほぼ同時進行で説明されるが，その後は順に，マイクロプロセッサのハードウェア，プログラム，具体的マイクロコンピュータと説明されている。最後の10章の具体的マイクロコンピュータにおいては，現在，機器への組込みでよく実用され，また，教育現場でもよく使われているマイクロコントローラ（シングルチップコンピュータ）PIC の具体的な仕組みが説明されている。

　本書は，高専3年生に行った講義経験を基に，高専3年生または大学1年生あたりの，コンピュータの専門予備知識をほとんど持たないで学習を始めた人を対象に書かれている。

　コロナ社には原稿の隅から隅まで目を通していただき多くのご指摘を受け，また著者の度重なる追加や訂正にも付き合っていただきました。この場を借りて感謝致します。

2014年12月

松田忠重

目 次

第1部 ディジタル技術の基礎

1 ディジタルコードとビット

1.1 ディジタルコード …………………………………………………………… 1
1.2 自然数と正の有理数の2進コード ………………………………………… 3
　1.2.1 アラビア数字による自然数の各種コード　3
　1.2.2 正の有理数の2進コード　5
　1.2.3 自然数の各種コードの基数変換　6
1.3 ビ　　ッ　　ト ………………………………………………………………… 8
1.4 エンコーダ，デコーダ ……………………………………………………… 13

2 文字，画素のディジタルコード

2.1 文字のディジタルコード …………………………………………………… 18
2.2 画素とそのディジタルコード ……………………………………………… 21
1～2章の演習問題 ………………………………………………………………… 25

3 いろいろな数の2進コード

3.1 ストレートバイナリ，オフセットバイナリ，
　　2の補数バイナリ …………………………………………………………… 26
3.2 2の補数2進数，1の補数2進数 …………………………………………… 29

3.3 固定小数点2進数 …………………………………………… 33
3.4 2進数による浮動小数点数 …………………………………… 35
3.5 2進化10進数 …………………………………………………… 40
3章の演習問題 ……………………………………………………… 41

4 A-D変換，D-A変換

4.1 量子化 ………………………………………………………… 43
   4.1.1 量子化誤差と分解能　43
   4.1.2 量子化ノイズとSN比　46
4.2 正負電圧の量子化 …………………………………………… 48
4.3 標本化定理 …………………………………………………… 49
4.4 D-A変換 ……………………………………………………… 53
4.5 アナログとディジタルの比較 ……………………………… 55
4章の演習問題 ……………………………………………………… 55

5 基本論理回路

5.1 AND, OR, NOT ……………………………………………… 57
5.2 正論理，負論理 ……………………………………………… 62
5.3 論理回路の入出力回路と信号 ……………………………… 66

6 加算，記憶，その他の代表的回路

6.1 加算回路 ……………………………………………………… 74
6.2 記憶回路 ……………………………………………………… 75
6.3 その他の代表的論理回路 …………………………………… 79
5〜6章の演習問題 ………………………………………………… 81

第2部　マイクロコンピュータ

7　コンピュータの構成と働きの概説

- 7.1　プログラムとプロセッサ …………………………………… 83
  - 7.1.1　データと命令とプログラム　*83*
  - 7.1.2　内部メモリとプロセッサ　*85*
  - 7.1.3　プログラム処理　*87*
  - 7.1.4　リセット，割込み　*89*
- 7.2　ハードウェア基本構成 ……………………………………… 90
- 7.3　ソフトウェア基本構成 ……………………………………… 96
  - 7.3.1　プログラムとデータ　*96*
  - 7.3.2　アプリケーションとオーエス　*100*
- 7.4　ハーバード・アーキテクチャ ……………………………… 102
- 7.5　並列処理 ……………………………………………………… 104
- 7.6　マイクロコントローラ ……………………………………… 106
- 7章の演習問題 …………………………………………………… 107

8　マイクロプロセッサのハードウェア

- 8.1　基本構成 ……………………………………………………… 108
  - 8.1.1　クロック発生器　*108*　　8.1.2　バス制御部　*109*
  - 8.1.3　命令解読部　*109*　　8.1.4　算術論理演算装置　*109*
  - 8.1.5　レジスタ部　*109*　　8.1.6　バスインタフェース部　*110*
  - 8.1.7　キャッシュ　*110*
- 8.2　各種バス …………………………………………………… 111
  - 8.2.1　アドレスバス　*112*　　8.2.2　データバス　*112*
  - 8.2.3　制御バス　*113*
- 8.3　各種レジスタ ……………………………………………… 117

8.3.1　汎用レジスタ　*118*　　8.3.2　専用レジスタ　*119*

8章の演習問題 ……………………………………………………………… *126*

9　命令セットとプログラム

9.1　命令セットとアドレッシング ……………………………………… *127*

9.2　アセンブリ言語 ……………………………………………………… *133*

　　　9.2.1　は　じ　め　に　*133*　　9.2.2　語　　　　彙　*134*

　　　9.2.3　構　　　　文　*137*　　9.2.4　擬　似　命　令　*137*

　　　9.2.5　オペコード，オペランドをアセンブリ言語で　*141*

9.3　アセンブリ言語でのプログラム構成 ……………………………… *142*

　　　9.3.1　は　じ　め　に　*142*　　9.3.2　定　　義　　文　*143*

　　　9.3.3　メインルーチン　*144*　　9.3.4　サブルーチン　*146*

　　　9.3.5　割込みルーチン　*147*

9章の演習問題 ……………………………………………………………… *148*

10　PIC

10.1　PIC 中間性能グループの大まかな特徴 …………………………… *150*

10.2　ハードウェア構成概要 ……………………………………………… *151*

　　　10.2.1　プロセッサ　*153*　　10.2.2　プログラムメモリ　*156*

　　　10.2.3　ファイルレジスタ　*156*　　10.2.4　各種周辺装置　*157*

10.3　いくつかの専用レジスタ …………………………………………… *159*

10.4　命令セット …………………………………………………………… *169*

10章の演習問題 …………………………………………………………… *178*

演習問題の解答 ……………………………………………………………… *181*

索　　　　引 ………………………………………………………………… *189*

第1部 ディジタル技術の基礎

　情報はデータ（物事，知識）とそれらを処理する命令に分けることができる。第1部では，各種データのディジタルコード（数で表したもの）の説明から始める。次に，それらを取り扱う論理・算術・記憶などの回路について説明する。

　コンピュータにはディジタル式とアナログ式があるが，本書ではディジタル式だけを扱うので，以下，ディジタルコンピュータのことを単にコンピュータと記す。

1　ディジタルコードとビット

　情報の2進コード化（2進符号化），およびビットについて説明する。

1.1　ディジタルコード

　物事は，その物事とは異なる別の抽象物（点と棒，文字，数字など）で表現することができる。それらの抽象物を体系化したものを**コード**（code）という。コードは**符号**と翻訳されているが，符号という言葉は単なる記号を表すmarkやsignにも使われている。また実際コンピュータ工学では符号はsignにも使われており，以下それらの意味ではないことをはっきりさせるため，コードには符号の代りにコードという言葉そのものを使うようにする。

　コード例には以下のようなものがある。
(1)　文字，数字，その他の記号は，物事を表すためのコードといえる。
(2)　音波をマイクロホンで電圧にした電圧波形も，その音を表すためのコー

表1.1 モールスコード例

A	・—
B	—・・・
C	—・—・
⋮	⋮

ドといえる。

(3) 表1.1のように，文字，数字，その他の記号を点と棒で表現したものはモールスコードと呼ばれる。

(4) 文字，数字，その他の記号を，太さの異なる線によって表現したコードはバーコードと呼ばれ，2次元にドットを配置してつくられたコードはQRコードと呼ばれる。

コードにはアナログ式とディジタル式がある。

アナログ（analog）は「相似の」という意味である。漢字のようにものの名称をその形をまねて表したり，あるいは音波を波形で表したり，などしてできたコードがアナログ式コードである。上記 (1)（ただし数字を除く）〜(4) は，情報を絵模様で表しているのでアナログ式コードといえる。

ディジタル（digital）は，「数字を用いた」という意味で使われる。digit は「数字」のことである。もともとは，数量を計算したり順番を付けたりするとき「指を使うことによる」という形容詞の意味である。

アラビア数字や漢数字などは，もともとは大きさや量を表すためのものである。ディジタル技術においては，電圧などのように大きさや量に関係あるものだけでなく，文字や色や論理条件の状態（真，偽）などのように大きさや量に関係ないものも，それぞれある約束で「数字」に置き換えられて表される。

「数字」で置き換えられたコードは**ディジタルコード**（digital code）と呼ばれ，そのときの数字には10進数，2進数，16進数がよく用いられる。コードは用途によって変換されて使い分けられる。人間にはキーボードに並んでいるような文字，数字，記号が使われるが，商品ラベル読取り器などには，高速で間違いなく行えることから，バーコードやQRコードが広く使われている。

コンピュータが情報処理をするときデータ（処理対象情報）はディジタルコードで，これらはコンピュータ内部ではすべて 0, 1 からなる 2 進コードである。また，コンピュータが情報処理をするためのプログラム（手続き，あるいは命令が順に並んだもの）も，**マシンコード**（machine code）と呼ばれる 2 進コードである。これは，通常まず人間に分かりやすい文字や記号などを使ったコン

ピュータ用**プログラミング言語**（programming language）（**コンピュータ言語**ともいう）で書かれる。書かれたものは**ソースコード**（source code）と呼ばれる。次にこれが変換されてマシンコードがつくられる。

1.2 自然数と正の有理数の2進コード

　数値計算に使われる整数や浮動小数点数を表すコードについては後回しにして，ここでは0を含めた自然数のコードの体系：数字とその使い方，の基礎について述べる。

1.2.1 アラビア数字による自然数の各種コード

　数とは，民族に無関係な普遍的なもので，自然数，有理数，無理数，整数，また近代では複素数も含めたもののことである。数を表すコードには，アラビア数字，漢数字，ローマ数字などがあるが，通常はアラビア数字が使われる。

　＜**例**＞　アラビア数字による10進数によるコード：2014

　これは，漢数字では：二千十四（弐阡拾四）

となる。

　アラビア数字には**ゼロ**のコード0があるが，漢数字にはない[†]。

　数字の「位置」は**桁**（けた）（place，または position）と呼ばれる。アラビア数字では0を使うことですべての数字に順番に桁ができる。このとき桁はまた，並んだ数字の個数の単位にも使われる。例えば2014は4桁の数である，のようにも使われる。

　位置としての桁はそれぞれ重みをもっていて，桁に置かれた数にその重みが乗ぜられてその桁の数が表す値になる。そのとき乗ぜられる数は**位**（くらい）（place value）と呼ばれる。例えば10進数2014では，位は最下位から上位向きに 10^0，10^1，10^2，…となり，次のように桁ごとの和に分解できる。

$$2014 = 2 \cdot 10^3 + 0 \cdot 10^2 + 1 \cdot 10^1 + 4 \cdot 10^0$$

　10^0，10^1，10^2，…は，**底**（base）が10で，**指数**（exponent）は最下位の桁

[†] 日本の数え年年齢では生まれた瞬間に1歳。家の2階は米語では the second floor で日本語と同じ，しかし英語では the first floor。

から上位向きに 0, 1, 2, … になっている．またついでに書くと，小数点付き 10 進数の場合では，小数点の右側の桁から順に右向きに 10^{-1}, 10^{-2}, … となる．

アラビア数字ではすべての数字の桁が分かるのでそれらの数字の位も分かり，特に漢数字で使う十，百，千などを数字に付ける必要がない．

このような位の「底 10」の 10 のことをコンピュータ用語では**基数**（radix, または base）と呼び，「**基数 10（base-10）**」のコードのことを「**10 進数**（decimal number）」と呼んでいる．アラビア数字の 10 進数では一つの桁に置ける数は，0, 1, 2, …, 8, 9 の「10 種類」あり，この数は基数に一致している．

基数 2（base-2）のコードは「**2 進数**（binary number）」と呼ばれる．自然数の場合，基数 2 の数の桁の位は右端から左向きに 2^0, 2^1, 2^2, … を表し，それぞれ順に 2^0 の**位**，2^1 の位，2^2 の位，… と呼ばれる．それらの桁は**ビット** 0 の桁，ビット 1 の桁，ビット 2 の桁，… と呼ばれる．基数 2 の数字にはアラビア数字 0, 1 の 2 種類の数字が使われる．またついでに書くと，小数点付き 2 進数では，小数点の右側の桁から右向きに，2^{-1}, 2^{-2}, … を表し，それぞれ順に 2^{-1} の位，2^{-2} の位，… と呼ばれる．

漢数字の場合の数字には，十，百，千など位の名前を付けることが必要である．漢数字の場合，基数を変えたら位の名前が新たに必要になるが，アラビア数字では 0 のおかげで数字に位の名前を付ける必要がないので，基数を変えて数を表すことも容易である．

基数 16（base-16）のコードは「**16 進数**（hexadecimal number）」と呼ばれる．自然数を表す 16 進数では，桁の位は右端から左向きに 16^0, 16^1, 16^2, … を表し，それぞれ順に 16^0 の位，16^1 の位，16^2 の位，… と呼ばれる．なお，16 進数では小数点付きは使われていないようである．16 進数ではアラビア数字と英文字 0, 1, 2, …, 8, 9, A, B, C, D, E, F の 16 種類が使われる．

明らかに何進数か分かる場合は別にして，分かりにくい場合には数の後に添字，2 進数であれば b，B あるいは 2 を，8 進数（octal number）であれば o，O あるいは 8，10 進数であれば d，D あるいは 10 を，16 進数であれば h，H あるいは 16 を付ける．例えば 10 進数の 10 は，10 進数では 10_d，2 進数では

1010_b, 16進数では A_h のように表される。

本書でよく使うのは2進数, 10進数, 16進数である。**表1.2**は自然数（ゼロを含む自然数）の一部分の10進コード, 2進コード, 16進コードによる桁上がりの様子を示すものである。

1.2.2 正の有理数の2進コード

10進数では10倍すると最下位に0が付いて全体が左にずれるように, 2進数では2倍すると同様のことが, 16進数では16倍すると同様のことが起こる。例えば2進数では**図1.1**のようになる。これから2進数同士の掛け算は, 例えば**図1.2**のようになることがわかる。

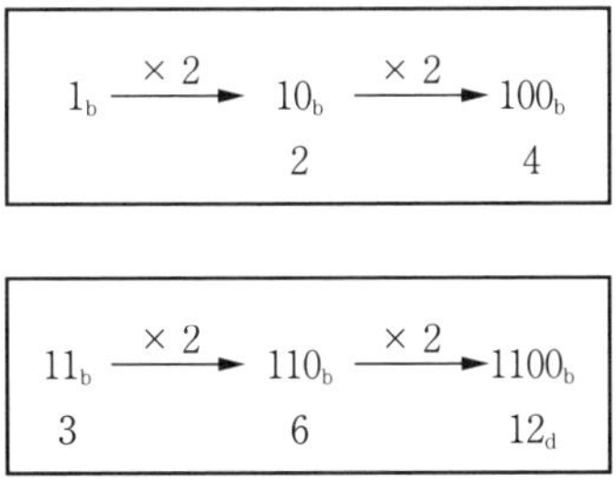

10進数では10分の1すると全体が最下位方向に1桁下がるように, 2進数では2分の1すると同様のことが, 16進数では16分の1すると同様のことが起こる。例えば2進数では, **図1.3**のようになる。

表1.2 ゼロを含む自然数の一部の3種類のコード

10進コード	2進コード	16進コード
0	0	0
1	1	1
2	10	2
3	11	3
4	100	4
⋮	⋮	⋮
8	1000	8
9	1001	9
10	1010	A
11	1011	B
12	1100	C
13	1101	D
14	1110	E
15	1111	F
16	1 0000	10
17	1 0001	11
18	1 0010	12
⋮	⋮	⋮
255	1111 1111	FF

$1_b \xrightarrow{\times 2} 10_b \xrightarrow{\times 2} 100_b$
　　　2　　　　4

$11_b \xrightarrow{\times 2} 110_b \xrightarrow{\times 2} 1100_b$
3　　　　6　　　　12_d

図1.1 2進数では2倍すると最下位に0が付き1桁左向きにずれる

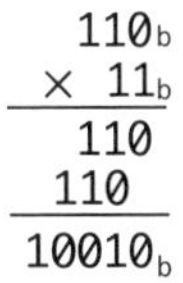

$$\begin{array}{r} 110_b \\ \times\ 11_b \\ \hline 110 \\ 110 \\ \hline 10010_b \end{array}$$

図1.2 2進数での掛け算例

また2進数同士の割り算は, 例えば**図1.4**のようになることが分かる。**図1.4**では8/3の2進数による割り算である。小数点以下3桁までなら, 割られ

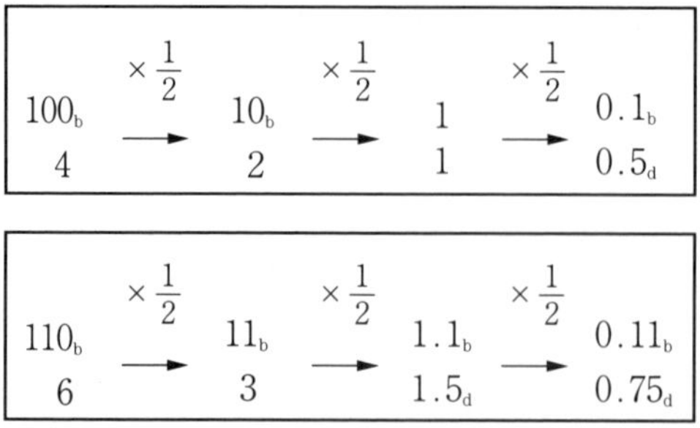

図 1.3 2進数では 1/2 すると 1桁右向きにずれる

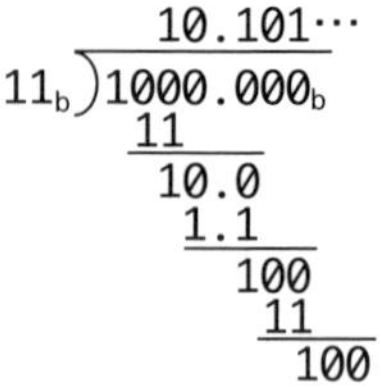

図 1.4 2進数同士の割り算例

る数を 2^3 倍して下桁に 0 を 3 個付けて 11_b で割り算を行い,後で $1/2^3$ すると考えればよい。

1.2.3 自然数の各種コードの基数変換

例えば 4 桁自然数の 10 進数は,次のように位ごとの和に分解できる。

$$(a_3 a_2 a_1 a_0)_d = (a_3 \cdot 10^3 + a_2 \cdot 10^2 + a_1 \cdot 10^1 + a_0 \cdot 10^0)_d \qquad a_n = 0 \sim 9$$

同様に 4 桁の基数 2 の自然数(絶対値型 2 進数)では,次のように位ごとの和で基数 10 のコード(10 進数)に変換できる[†]。

＜絶対値型 bin → dec＞

$$(a_3 a_2 a_1 a_0)_b = (a_3 \cdot 2^3 + a_2 \cdot 2^2 + a_1 \cdot 2^1 + a_0 \cdot 2^0)_d \qquad a_n = 0 \text{ or } 1$$

例えば次のようになる。

$$1000\ 0010_b = (2^7 + 2^1)_d = 130_d$$
$$0111\ 1110_b = (2^7 - 2^1)_d = 126_d$$

＜絶対値型 bin → hex＞

16 進数では,4 桁の 2 進数 0000_b から 1111_b までが $0, 1, 2, \cdots, 7, 8, 9, A, B, C, D, E, F$ に対応している。この性質を使えば基数 2 から基数 16 への変換ができる。例えば次のようになる。

$$1000\ 0010_b = 82_h$$
$$0111\ 1110_b = 7E_h$$

[†] 電卓では,モードのメニューの中で基数変換ができる。ただし,電卓による基数変換では整数型数を対象とし絶対値型数ではないことに注意(1.3 節参照)。

2進数は桁数が大きくなると表しにくく見にくいので，このように2進数4桁を1桁にまとめて表せる16進数がよく用いられる。

4桁の16進数では次によって10進数に変換できる。

< **hex → 自然数 dec** >

$$(a_3 a_2 a_1 a_0)_h = (a_3 \cdot 16^3 + a_2 \cdot 16^2 + a_1 \cdot 16^1 + a_0 \cdot 16^0)_d \qquad a_n = 0 \sim F$$

a_n（n は 0～3 の数）は 0, 1, 2, …, 8, 9, A, B, C, D, E, F のどれかで，A, B, C, D, E, F の場合，右辺ではそれを 10 進数に直した数とする。例えば次のようになる。

$$00A3_h = (10 \cdot 16^1 + 3 \cdot 16^0)_d = 163_d$$

10 進数を 2 進数に直すには，以下のようにすればよい。

< **自然数 dec → bin** >

例として 14_d を次式のように 2 進数 $(a_n a_{n-1} \cdots a_1 a_0)_b$ に直す場合で考える。

$$14_d = (a_n a_{n-1} \cdots a_1 a_0)_b = (a_n \cdot 2^n + a_{n-1} \cdot 2^{n-1} + \cdots + a_1 \cdot 2^1 + a_0 \cdot 2^0)_d$$

$a_n a_{n-1} \cdots a_1 a_0$ は未知数とし，これを求める。

上式を

$$14_d = 2(a_n \cdot 2^{n-1} + a_{n-1} \cdot 2^{n-2} + \cdots + a_1 \cdot 2^0)_d + a_0$$

の形にすれば，次式であることが分かる。

$$(a_n \cdot 2^{n-1} + a_{n-1} \cdot 2^{n-2} + \cdots + a_1 \cdot 2^0) = 7_d$$

$$a_0 = 0$$

7_d は 14_d を 2 で割った商，0 はそのときの余りでこれが a_0 になる。同様に，次式になることが分かる。

$$7_d = 2(a_n \cdot 2^{n-2} + a_{n-1} \cdot 2^{n-3} + \cdots + a_2 \cdot 2^0) + a_1$$

$$(a_n \cdot 2^{n-2} + a_{n-1} \cdot 2^{n-3} + \cdots + a_2 \cdot 2^0) = 3_d$$

$$a_1 = 1$$

7_d は 2 で割って商 3_d 余り 1 で，余り 1 が a_1 になる。以下同様に

$$3_d = 2(a_n \cdot 2^{n-3} + a_{n-1} \cdot 2^{n-4} + \cdots + a_3 \cdot 2^0) + a_2$$

```
2)14          10)1110
2) 7---0      10) 111---0
2) 3---1      10)  11---1
   1---1           1---1

14_d = 1110_b
```

（a） 14_d を商が 1 になるまで 2 で割る　（b）（a）と同じことを 2 進数で行う

図 1.5　10 進数を 2 進数に直す原理

$$(a_n \cdot 2^{n-3} + a_{n-1} \cdot 2^{n-4} + \cdots + a_3 \cdot 2^0) = 1$$

$$a_2 = 1$$

であることが分かる。これらをまとめれば図1.5（a）のようになる。図（b）は同じことを2進数で行った場合。こうして，次を得ることができる[†]。

$$14_d = (a_n a_{n-1} \cdots a_1 a_0)_b = (00 \cdots 01110)_b$$

1.3 ビット

ビット（bit）は，以下の意味で使われる。

(1) 2進数の1桁の数値0または1。binary digit の短縮形。

(2) 2進数の桁番号の呼び名に付ける。2進数の桁は，その位が 2^0 であるときビット0，2^1 であるときビット1，2^2 であるときビット2，…と呼ばれる。ただし2進コードに特別に名前がある場合は，その名前に番号を付けて呼ばれる。

(3) 情報量の単位。

以下，情報量の単位としてのビットの説明を行う。

〔1〕 情報量の定義

情報を2進数で表す場合に必要な桁数はその情報の情報量と呼ばれ，その単位はビット（bit または b）である。2進数1桁の場合の情報量は1ビットと呼ばれる。ただし，簡単化のため最初はまずこのように情報量を桁数つまり自然数で表すが，後で一般化して実数で表現する。この単位は重さなどの単位と比べると歴史が浅く，1948年にシャノン（Shannon）によってつくられた。

例えば，天気の情報「晴れ，曇り，雨，雪」のどれかを0と1だけで表したいとき，表1.3のようなものを使えば可能である。2進数2桁は，「晴れ，曇り，雨，雪」の4（2^2）通りの情報を表すことができる。このとき，これらの情報の中の1つの情報[††]の情報量

表1.3 天気の2進コード例

晴れ	00
曇り	01
雨	10
雪	11

[†] 電卓による<10進数→2進数>変換では，例えば10進数14は2進数1110と表され，最上位桁から連続した0はすべて省略されることがある。

[††] 情報全体ではない。

は，2進数の桁数を用いて2ビットと呼ばれる。

2進数3桁なら8 (2^3) 通りの情報を表すことができる。このとき，その中の1つの情報の情報量は2進数の桁数をとって3ビットと呼ばれる。

情報量の意味は，また次のようにも説明できる。図1.6のように，晴れ，曇り，雨，雪，の中からある情報を指定するには，二股の分岐で「上」か「下」かを2回指定すれば可能である。このとき，その情報の情報量はこの指定回数である。例えば「晴れ」を指定するためには，最初の分かれ道で上を指定し，2回目の分岐でまた上を指定すれば，晴れを指定できる。このと

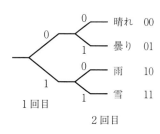

図1.6 それぞれの事象の情報量は2ビット。最初の分岐情報を最上位桁の数にしている

き，その情報「晴れ」の情報はこの指定回数を用いて2ビットである，という。

アルファベットと数字，およびその他の記号，制御コード，全部で128種類においては，この中の一つを指定するには7回の二股の分岐で指定できる。したがって，それらはそれぞれ7ビットである。また日本語の文字は，漢字，その他の記号，英文字なども含めて数万個あり，それぞれは16回の二股の分岐で指定できる，つまり16ビットである。

情報の1つを指定するまでのこのような分岐の個数をnとすると，情報の数Nは

$$N = 2^n$$

となり，nは

$$n = \log_2 N$$

となる。nの単位はビットである。

任意の数Nの場合でも

(1) $\quad n = \log_2 N$

と置くとnが小数点以下をもつかも知れないが，とりあえず情報量はこのように一般化される。

また上式は，N通りの情報がすべて同じ確率で起こるとすれば，それぞれの

情報の確率は $p=1/N$ なので，次式になる。

(2) $\quad n = -\log_2 p$

そして定義をもう一段一般化して，それぞれの情報の確率が異なる場合にも，上式(2)を適用し，その単位を「**ビット**」という。

例えば図1.6の雨を春雨，夕立，秋雨，寒雨の4情報に分けて，晴れ，曇り，雨，雪それぞれの確率が1/4，春雨，夕立，秋雨，寒雨それぞれの確率が1/16であるとすると，春雨，夕立，秋雨，寒雨それぞれの情報量は4ビットとなり，これらのコードは，雨のコード 10_b の下の桁に0または1を付けて，$1000_b, 1001_b, 1010_b, 1011_b$ とできる。

この定義によれば，確率の小さい情報ほど大きい情報量をもつ，といえる。

> 1個のコインを投げたときに出る裏または表の情報量は1ビットである。2個のコインを順番に投げたときに出る裏表の組合せは4通り，したがって2個のコインの裏または表の情報量は2ビットである。
>
> 日本語文字約65500個の中の1文字と英語文字約100個の中の1文字を，まったくでたらめに選んで2文字の単語をつくるとした場合，可能なまったくでたらめな単語，つまり日本語1文字は日本語文字の中から同じ確率で，また英語1文字は英語文字の中から同じ確率で選ばれてつくられる単語は 65500×100 通りである。したがってこのとき，1つの単語のおよその情報量は次のようになる
>
> $\quad \log_2(65500 \times 100) =$ 約 22.6 ビット
>
> 日本語文字は16ビットで，また英語文字は7ビットでコード化されている。それぞれ任意に1文字ずつで計2文字の単語をつくったときの単語の数は
>
> $\quad 2^{16} \times 2^7 = 65536 \times 128$
>
> 通りとなる。このとき単語のコードの情報量は 16+7=23 ビットとなる。
> また，日本語文字で，でたらめに400文字を選んで作文をするとした場合，作文は $(2^{16})^{400}$ 通り可能である。このとき，その情報量は 16×400 ビットである。

〔2〕 **ビット長，ビット幅，バス幅**

例えば10進数1桁の数の情報量は約3.3ビットとなり小数点以下をもつ。

この情報を 2 進数でコード化する場合には，小数点以下切り上げて 4 桁必要になる。このような場合には情報量と情報の 2 進コードの桁数とは一致しないので，特に情報を 2 進数でコード化する場合の 2 進数の桁数は**ビット長**（bit length）と呼ばれる。

> 日本語文字，英語文字それぞれ 1 文字ずつで計 2 文字の単語をつくったときの単語のコードのビット長は 16 + 7 = 23 ビットとなる。

あるビット長の 2 進コードを扱う回路の入力端子や出力端子の数をいう場合には，そのビット長を**ビット幅**（bit width）という言葉で表すこともある。

コンピュータ内部のディジタル信号線路は**バス**（bus）と呼ばれる。バスで一度に伝達できる情報量は線路の数で制限される。この線路数は**バス幅**（bus width）と呼ばれる。線路数 1 であれば，一度に 0 または 1 のどちらかを伝達できる。ただし，正確には共通 GND（ground，基準電位）の導体も必要。この場合，線路のバス幅は 1 ビットである，と呼ばれる。**図 1.7** のように線路数 2（正確には共通 GND の導体も必要）であれば 2 ビット情報を一度に伝達できる。この場合，線路のバス幅は 2 ビットである，と呼ばれる。

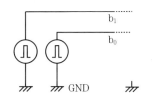

図 1.7　バス幅 2 ビットのディジタル信号線路（バス）と信号源

〔3〕**記　憶　容　量**

情報の記憶素子が記憶する情報量は，**記憶容量**（memory capacity）と呼ばれ，単位はビットである。0 または 1 のどちらかを記憶できるものは 1 ビットの記憶容量をもつ，という。**図 1.8**（a）は 0 を，図（b）は 1 を記憶している 1 つ玉そろばんである。この 1 つ玉そろばんは記憶容量 1 ビットの記憶素子といえる。またこれが 2 つ玉になれば記憶容量 2 ビットで，0 と 1 の組合せを 4 通り記憶できる。

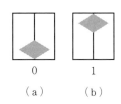

図 1.8　図（a）は 0，図（b）は 1 を記憶している記憶容量 1 ビットの 1 つ玉そろばん

パーソナルコンピュータは容量約 10 Gbit[†] ほどの **IC**（integrated circuit：集積回路）メモリモジュールの内部メモリをもっている（2014 年現在）。

〔4〕 **丸め，打切り**

数は，四捨五入，切上げ，切捨てなどの方法で，より少ない桁数に打ち切られることがある。このように少ない桁数に打ち切ることを**丸め**（rounding）と呼ぶ。例えば長さの測定値 1234_d mm（123.4_d cm）において，下から 1 桁目を四捨五入して 1230_d mm（123_d cm）とするとき，1234_d は四捨五入で 123_d に**丸め**られた，という。

丸めは，桁数の多い数で最下位あたりに誤差やノイズが含まれていて無駄に桁数を使っているような場合や，桁数に制限がある場合に行われる。

一方，丸めによって誤差が生じる可能性がある。この誤差は**丸め誤差**と呼ばれる。丸めて残された数字（精度の予測可能な数字）は，一般に**有効数字**（significant figures）と呼ばれる。有効数字の情報量は，使っている基数と桁数で決まる。

コンピュータでは有限桁の数しか扱えないので，数は必ず有限桁に丸められて使用される[††]。その数の情報量はそのときの桁数になる。情報を階層的な性質（例えば電話番号が国番号，市外局番，市内局番で構成されているような性質）に従って，最初の分岐で最も基本的なグループ 2 つに分け，一方のコードの最上位桁に 0，他方に 1 を置く。次の分岐で，次に基本的なグループ 2 つに分け，それぞれのコードの一方の最上位桁から次の下桁に 0，他方に 1 を置く。以下同様にする。このようにしてコードを作れば，下の桁から適当に削除して情報量を少なくしても基本的な情報を作ることが可能である。

コンピュータでは無限級数などの計算も有限級数で近似されなければならない。このように，計算回数は常に有限に打ち切られる。このとき生じる誤差は**打切り誤差**（truncation error）と呼ばれる。打ち切られることで有効数字は決まる。計算回数はこれらを考慮して適切に有限に打ち切られる。

[†] G（ギガ）= 10^9
[††] 数の丸めには，「四捨五入」，「切上げ」，「切捨て」，「偶数への丸め」などの方法がある。

〔5〕 ビットを元にしたその他の単位

ニブル（nibble）：4 ビットのこと。

バイト（Byte または B）：通常は，8 ビットの情報量の単位として使われている。1 オクテット（octet）は，8 ビットのことをはっきりと示したい場合に使われる。通常オクテットもバイトと同意味に使われている。一般に，バイトの単位の英語は Byte または B が使われ，ビットには bit または b と小文字が使われる。

ワード（word：**語**）：もともと，意味のある単語を表すデータの情報量単位である。アナログ電圧のある標本を A-D 変換して 12 ビットで表す場合，この標本の情報量は 1 ワード（語）と呼ばれる。またコンピュータプログラムにおける命令のディジタルコード（マシン語）1 語が 16 ビットで表される場合，その命令の 1 ワード（語）は 16 ビットである，と呼ばれる。

パケット（packet）：情報通信における情報の一まとまりのこと。通信情報量に課金する場合の 1 packet は 128 Byte。

bps（bit per second）：1 秒当たりに伝達する情報量のこと。

単位時間当たり伝達できる情報量の最大値は，（媒体も含めた）伝送路により決まっている（**表** 1.4）。この情報量は伝送路の**データ転送速度**（data transfer rate or bit rate），**通信速度**（communication speed），または**通信路容量**（channel capacity）と呼ばれている。

表 1.4　データ転送速度

方式	bps
地上ディジタル放送	約 23.3 M
4 G 移動通信	下り 110 M／上り 15 M
光通信	約 1 G
USB 3.0	5 G

● 2014 年現在の代表的な最大値

1.4　エンコーダ，デコーダ

コードの形式は，例えば音のコードには音圧のアナログ電圧をある標本間隔で数値化しただけの PCM，またその情報量を圧縮した MP3 などの形式があるように 1 種類とは限らない。本書では基本的な形式のコードだけを取り扱っている。

情報（物事，知識，命令）をコード化するものは，**エンコーダ**（encoder）

またはコーダ (coder) と呼ばれる。その逆にコードからそれが表す対象に戻すことは**復号** (decoding) と呼ばれ，復号するものは**デコーダ** (decoder) と呼ばれる (**図1.9**)。復号の代わりに解読という言葉が使われることもある。エンコーダ，デコーダには，形ある物理的なもの，算術や論理でなされる形をもたないものの両方がある。また，エンコーダ，デコーダ両方の機能をもったものはコーデック (codec) と呼ばれる (codec は coder, decoder からの合成語)。

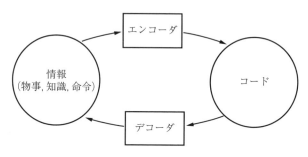

図1.9 エンコーダ，デコーダ

本節では2進数のエンコーダ，デコーダについていくつか簡単に述べる。

〔1〕 **2進コードにするエンコーダ**

4つの情報を2桁の2進コードにするエンコーダ (4 to 2 encoder) の概念図を**図1.10**に示す。その入出力関係を**表1.5**に示す。4つの入力のどれかがTrue になったとき，それに対応した2ビットの2進コードが出力される。

全部で128個の文字，数字，制御，その他の記号に対応したキーをもつキーボードは，128個のキー入力のどれかが True になったとき，それに対応した7ビット2進コードが出力される。

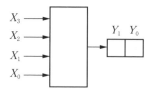

図1.10 4 to 2 エンコーダ
4つの事象のどれかを2桁の2進数にする

表1.5 4 to 2 エンコーダ

入力				出力	
X_3	X_2	X_1	X_0	Y_1	Y_0
0	0	0	1	0	0
0	0	1	0	0	1
0	1	0	0	1	0
1	0	0	0	1	1

このような2進コードを出力するエンコーダ回路はIC化された論理回路である。論理回路については5章を参照。

〔2〕 2進コードからのデコーダ

2桁の2進コードから4つの情報に復号するデコーダ（2 to 4 decoder）の概念図を**図1.11**に示す。その入出力関係を**表1.6**に示す。2進コードが入力されたとき、4つの出力のどれかがTrueになる。このようなデコーダ回路はIC化された論理回路である。

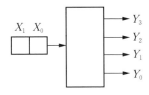

図1.11 2 to 4 デコーダ
2桁の2進数から4つのどれか事象を指定する

表1.6 2 to 4 デコーダ

入力		出力			
X_1	X_0	Y_3	Y_2	Y_1	Y_0
0	0	0	0	0	1
0	1	0	0	1	0
1	0	0	1	0	0
1	1	1	0	0	0

デコーダは、番号からどれか1台の電話機につないでくれる電話交換器のようなものである（**図1.12**）。

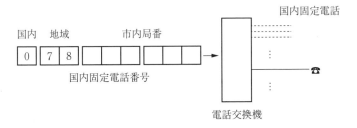

図1.12 電話交換器はデコーダの一種

図1.13はアドレスバスのバス幅32ビットのICメモリの概念図である。あるアドレスの32ビットコードから、**アドレスデコーダ**により4,294,967,296（2^{32}）個の中のどれか1つのアドレスのメモリ素子につながることを表している。

メモリ素子のデータ読み書き制御用線路は省略されている。

なお、1つのアドレスの記憶容量が1バイトであるとき、このメモリの全記

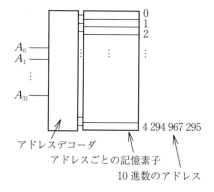

図1.13 アドレスバス幅32ビットのICメモリの概念図。2進コードのアドレス入力をもつメモリ

憶容量は $4,294,967,296$ (2^{32}) バイト，約4Gバイトとなる。

〔3〕 7セグメントLEDデコーダ

7セグメントLED（7 segment light emitting diode）とは**図1.14**に示すような8の字の7つの各部にLEDが使われたもので，これらのLEDは独立して点灯でき，10進数字や16進数字を表示することができる。

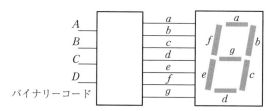

図1.14 7セグメントLEDデコーダ，ドライバ

2進数は人にはわかりにくいので，これを10進数や16進数に直して7セグメントLEDで表すと，簡便に分かりやすくなる。このときに使われるデコーダが7セグメントLEDデコーダである。**表1.7**にこのデコーダの入出力関係の一部を示す。

表1.7 7セグメントLEDデコーダ，ドライバ

入力				出力							表示
D	C	B	A	a	b	c	d	e	f	g	
0	0	0	0	1	1	1	1	1	1	0	0
0	0	0	1	0	1	1	0	0	0	0	1
0	0	1	0	1	1	0	1	1	0	1	2
⋮				⋮							⋮

10 進数や 16 進数 1 桁の情報のビット長は 4 なので，このデコーダの入力ビット幅は 4 ビットで，出力端子は 8 の字の 7 つの各部の LED にそれぞれつながった $a \sim g$ である。このようなデコーダ回路は IC 化されている。

〔4〕 **ロータリエンコーダ**

ロータリエンコーダ（rotary encoder）は，回転軸に取り付けてある決まった回転角度ごとに矩形のパルスを出力するエンコーダである。

図 1.15 は光学式ロータリエンコーダの概念図である。図のように円盤上にスリットがあり，A, B の位置の紙面の表から裏向きに光ビームを放射し，A, B の位置の紙面の裏側に受光素子を置いて受光を電気パルスに変換する。回転方向が図の矢印向きの場合，パルスは図のようになる。図のような回転方向では，B の位置からのパルスは A の位置からのパルスより 1/4 周期遅れ，逆回転では 1/4 周期進む。

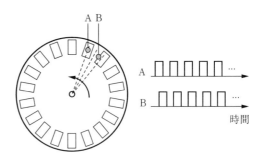

図 1.15 光学式ロータリエンコーダの概念図

パルスを計数することで回転角度が，パルスの周期で回転速度が，2 つのパルスのずれで回転方向が分かる。

2 文字, 画素のディジタルコード

文章は文字（表音文字, 表意文字）で構成されている。また画像は, 画素（色情報をもつ微細な最小単位）の集まりで構成することができる。

文字, 画素はいくつかの方法でディジタルコードにされている。

2.1 文字のディジタルコード

英語では, 文字（表音文字, 表意文字）集合を characters, 文字のコードは character code と呼ばれている[†]。表意文字には数字, 区切りや括弧記号, 制御用記号（簡略文字）も含まれる。日本語では文字（表音文字, 表意文字）のコードは**文字コード**, あるいは**キャラクタコード**（character code）という言葉が使われる。

< **ASCII** >

英文字を数でコード化した標準が ASCII（American Standard Code for Information Interchange）である。1963 年に ANSI（American National Standards Institute；米国国家規格協会）によりつくられた。アルファベット, 数字, その他記号, 制御キャラクタ全部で 128 個がディジタルコード化されている。それぞれのコードは 2 進数では 7 桁になる。

<**例**>

BEL	000 0111$_b$	(Bell, ベル)
BS	000 1000$_b$	(Back Space, バックスペース)
LF	000 1010$_b$	(Line Feed, 改行)
CR	000 1101$_b$	(Carriage Return, キャリッジリターン)
	⋮	
SP	010 0000$_b$	(Space, 空白)

---

† プログラミング言語で使われる予約語の 1 つ char は, ASCII キャラクタコードの変数を定義する。

!	010 0001$_b$	(Exclamation point)
	⋮	
0	011 0000$_b$	（数字 0）
1	011 0001$_b$	（数字 1）
	⋮	
A	100 0001$_b$	（アルファベット A）
B	100 0010$_b$	（アルファベット B）
	⋮	

などのように対応している（**表 2.1**）。

なお，「数字」の ASCII のコードはそのままでは簡単に計算に使えない。これは，「数の値」を表すコードではないことに注意。このように「数字」と「数値」のディジタルコードは，別々の方法で作られていることに注意。整数，有理数など，あるいは固定小数点数，浮動小数点数の 2 進コードがどのように表されるかは，3 章で説明する。

表 2.1 ASCII

$b_3b_2b_1b_0$ \ $b_6b_5b_4$	000	001	010	011	100	101	110	111
0000	NULL	DLE	SP	0	@	P		p
0001	SOH	DC1	!	1	A	Q	a	q
0010	STX	DC2	"	2	B	R	b	r
0011	ETX	DC3	#	3	C	S	c	s
0100	EOT	DC4	$	4	D	T	d	t
0101	ENQ	NAK	%	5	E	U	e	u
0110	ACK	SYN	&	6	F	V	f	v
0111	BEL	ETB	'	7	G	W	g	w
1000	BS	CAN	(	8	H	X	h	x
1001	HT	EM	)	9	I	Y	i	y
1010	LF	SUB	*	:	J	Z	j	z
1011	VT	ESC	+	;	K	[	k	{
1100	FF	FS	,	<	L	\	l	|
1101	CR	GS	-	=	M	]	m	}
1110	SO	RS	.	>	N	^	n	~
1111	SI	US	/	?	O	_	o	DEL

以下，日本で使用されている文字コードについて。

< JIS 基本漢字コード >

JIS 漢字コードの中の JIS 基本漢字（JIS X 0208）は，ひらがな，かたかな，漢字，全角記号など 1978 年制定の 2 バイトコードの通称。漢字コード部分は，よく使われる第 1 水準の漢字と，あまり使われないが，ないと不便な第 2 水準の漢字を扱う。1983 年大きく改定されその後も改訂された。

< JIS 補助漢字コード >

JIS 補助漢字（JIS X 0212）は，使用頻度の低いキャラクタで構成される第 3 水準の漢字および非漢字の 2 バイトコードの通称。

< JIS 拡張漢字コード >

JIS 拡張漢字（JIS X 0213）は JIS 基本漢字に第 3 水準の漢字，第 4 水準の漢字，非漢字が収録されるなど 2000 年に改訂された 2 バイトコードの通称。その後も改訂され，最近では 2012 年に改訂された。

これらは **JIS 漢字コード**と呼ばれている。

< Shift JIS コード >

これは MS 漢字コードとも呼ばれ，マイクロソフト社がつくった 2 バイトの漢字コード。

ここまでの各種 JIS コードによるキャラクタすべてはユニコード：unicode に含まれる。

< EUC >

EUC（Extended Unix Code）は，UNIX で使われる 2〜3 バイトの各国言語に対応したキャラクタコード。

< unicode >

当初 unicode は，コンピュータメーカー主導で世界中のキャラクタを 2 バイトでコード化する目的でつくられた。その一方で ISO（International Organization for Standardization, 国際標準化機構）は，同じ目的で 4 バイトのキャラクタコードを開発していた。1993 年，同じ目的のキャラクタコードが複数できることを避けるため，UCS（Universal Multiple-Octet Coded Character Set, 国際符号化文字集合）が，ユニコードを取り入れる形で制定された。ユニコードと

UCSは，たがいに調整を図りながら策定されており，UCS-2は2バイトでユニコードとほとんど同じである。日本では，1995年にJIS X 0221としてJIS規格に採用。

2.2　画素とそのディジタルコード

　色情報をもつ微細な点状の最小単位のことを**画素**（**ピクセル**：pixel）と呼ぶ。画像は画素の集まりで近似できる。画像を構成する画素数はその画像の**解像度**（resolution）と呼ばれ[†]，画像の解像度の単位にも**pixel**（**画素：ピクセル**）が使われる。また1ピクセルの情報量（単位：bits per pixel）は**色深度**（color depth），または**ピクセル深度**と呼ばれる。

　一方，ドット（dot）は画像や画素を構成する物理的な点形状に使われる。また，そのようなものの数量の単位として使われる。

　表2.2に人の目の錐体細胞，ディジタルカメラ，ディスプレイ，インクジェットプリンタの解像度を示す。

表2.2　各種装置の解像度例

人の片目	片目の錐体細胞約 7×10^6 個（$(7/3)\times 10^6$ pixel 相当）
ディジタルカメラ	14×10^6 pixel
ディスプレイ	1680×1050 pixel / 13.1×8 inch^2 = 1.764×10^6 pixel / 105 inch^2 128 ppi × 131 ppi
インクジェットプリンタ	インクノズルは 9600 ppi×2400 ppi。印刷物の解像度は 200 ppi 以上（テスト印刷：図2.2を用いて筆者実測）

（出典：http://en.wikipedia.org/wiki/Cone_cell，ディジタルカメラはLUMIX（Panasonic），ディスプレイは15-inch MacBookProオプション（Apple），インクジェットプリンタはMG6530（Canon）の各社仕様書による）

　人の色覚は，目の網膜にある色受光センサ（錐体細胞(すいたいさいぼう)，cone cell）が色刺激で出力する電気信号を元に脳でつくられる。錐体細胞はL-cone, M-cone, S-coneの3種類あり，それぞれの感度特性は**図2.1**に示すような赤緑青（RGB：red, green, blue）3色の付近にピークをもつ。

　1画素情報は，人の脳ではL-cone, M-cone, S-cone 3つの錐体細胞からの情

[†]　解像度は画像全体を構成する総画素数（単位 pixel）の意味と，1インチ当たりの画素数（ppi：pixels per inch）の意味の両方で使われる。

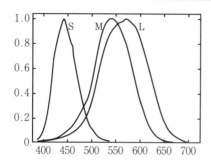

図 2.1 人の錐体細胞 S, M, L 型の正規化応答スペクトル
(出典:http://en.wikipedia.org/wiki/Cone_cell)

報でつくられる。そのため，例えば波長 550 nm 付近の黄色は，550 nm 付近の光に対する L, M 錐体細胞からのほぼ等しい出力情報で黄色と認識されるが，534 nm 付近の緑色と 564 nm 付近の赤色の混合色に対しても M, L 錐体細胞はほぼ等しい出力情報を脳に送り，その結果脳はこれも黄色と錯覚する。

同様の原理で，人の脳は R, G, B が同じ強さで光る場合は白色と錯覚し，G, B が同じ強さで光る場合はシアンと錯覚し，R, B が同じ強さで光る場合はマゼンタと錯覚する。

このような目の色覚の原理を応用して，(錐体細胞の種類の数と同じ数の) 3 原色 (赤緑青:RGB) のそれぞれ強さを変えた光の合成で任意色をつくることができる。この方法は加法混色と呼ばれ，コンピュータディスプレイの 1 画素の色は，3 個の RGB 発色体を使ってこの方法でつくられている。

図 2.2(a)は**表 2.2**のコンピュータディスプレイの実際の画素の白黒印刷

(a) 表 2.2 のディスプレイの白地に表示された数字 (定規目盛りは 1 mm 間隔)

(b) 表 2.2 のインクジェットプリンタの黒色べた塗りテスト印刷 (定規目盛は 1 mm 間隔)

図 2.2 画像例

例である．白地に黒の数字 40 が表示されている部分に定規を乗せて，それをルーペで拡大して**表** 2.2 のディジタルカメラでズームアップして撮った写真の一部である．定規目盛間隔は 1 mm である．左から右方向に RGB の順番で発光体が並んでいる．1 mm 間隔に約 5 pixel あることが分かる．

色情報は，色相，彩度，明度で，これらは物理的値と生理的値の両方がある．色相とは光の波長の違い，彩度とは他の色の混ざりの少なさの程度，明度とは色の明るさ，のことである．

1 ピクセルの色情報として，RGB の順番に上位から 8 ビットずつその原色の明るさでコード化した場合の色は**トゥルーカラー**（true color），または**フルカラー**（full color）と呼ばれる．この画素のピクセル深度は 24 ビットで，このコードを使った 2^{24} ＝約 1 670 万色は普通の人の目の色覚範囲を（錯覚によって）ほぼ満足させることができる．**図** 2.3（a）参照，ここには R, G, B の各コードを示す．これらを混ぜることで約 1 670 万色になる．

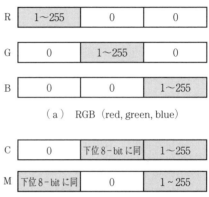

図 2.3 それぞれの色相トゥルーカラーコードと光波長の関係

＜ 24 ビットトゥルーカラー RGB コード例＞

(1) $FFFFFF_H$ 白色，彩度 0 %，明度 100 %

(2) 000000_H 黒色，彩度 0 %，明度 0 %

(3) $FF0000_H$ 赤色，彩度 100 %，明度約 33 %

(4) 800000_H 赤色，彩度約 50 %，明度約 16 %

(5) $FF8080_H$ 赤色，彩度約 50 %，明度約 66 %

(6) $FFFF00_H$ 黄色，彩度 100 %，明度約 66 %

(7) 808000_H 黄色，彩度約 50 %，明度約 33 %

明るさはRGBの明るさの和なので，(1)では255×3=765を明度100 %，(2)では0×3=0を明度0 %，(3)では255×1=255を明度約33 %としている。以下同様。

彩度は色の違いで原色最大値は255である。(1), (2)ではRGBの違いがないので彩度0 %としている。(3)では最大255の違いがあり彩度100 %，(4)では128の違いがあり彩度約50 %，(5)では127の違いがあり彩度約50 %としている。彩度100 %の黄色は彩度100 %の赤と彩度100 %の緑から光の加法でつくられた色のことなので，(6)では彩度100 %としている。以下同様。

一方，同じ色覚の原理を応用して，フィルタが通す色以外を吸収しその残りで色をつくる方法は減法混色と呼ばれる。プリンタによる色は減法混色（重ね刷り）でつくられる。**図2.3（b）**にプリンタ用シアン，マゼンタ，イエロー：CMYの24ビット構成を示す。CMYの24ビットの色もコンピュータディスプレイの場合同様，**トゥルーカラー**，または**フルカラー**と呼ばれる。

減法混色では，8ビットで表された数値が小さいほどその波長の光量が小さく制限される。例えばCでは，Rは0に制限され，GBは24ビット中の下位，中位の値相当に制限される，という意味になる。またYはBを0に制限するので，黄色フィルタで視細胞を痛めるといわれている青色光を消すことができる。C, Mの減法混色ではBだけ残る。M, Yの減法混色ではRだけ残る。C, Yの減法混色ではGだけ残る。これらでは残った方の8ビットの小さい方の値の色になる。またCMYの減法混色ではこれらの8ビットの値が同じであれば灰色になる。灰色を黒色に近づけるにはこの減法混色を重ねて行う[†]。

図2.2（b）は，**表2.2**のインクジェットプリンタの実際の画素の白黒印刷例である。テスト印刷の黒色べた塗り部分に定規を当てて，ルーペで拡大して**表2.2**のディジタルカメラでズームアップして撮った写真の一部である。1 mm間隔に約8 pixel以上あることが分かる。

[†] 白黒の文字印刷などでは，C, M, Yインクの混色（重ね刷り）で黒にするよりも，黒インクを追加して黒インクだけで黒を出す方が確実で経済的なので，この方法が使われることが多い。

1〜2章の演習問題

(1) **問表1**はいくつかの自然数を3種類のコードで表すものである。空白欄を適切に埋めよ。

(2) 10進数 7_{10}, 8_{10}, 9_{10} を4進数 (0, 1, 2, 3を使って) と2進数で表せ。(表示例 $4_{10} = 10_4 = 100_2$)

問表1 いくつかの自然数の各種コード

10進コード	8ビット 2進コード	16進コード
10		
20		
	0101 1010	
	0111 1111	
		11
		F0

(3) ビットを簡単に説明せよ。

(4) 英語では、大文字、小文字、数字、記号合せて89だけあるとして、これだけを2進数でコード化したいとする。この場合、ビット長いくらあればよいか。

(5) 日本語文字は16ビットでコード化されている。本書のように1ページだいたい1000キャラクタとして、1 GByteの容量のメモリにはおよそ何ページ入るか。

(6) マゼンタ純色明度最大のトゥルーカラーコードは $FF00FF_h$ である。この色の情報量は何ビットか。

(7) (a) 1ピクセルが1670万色中のどれかの色で表された $1\,024 \times 768$ ピクセル（L版）のカラー画像の情報量は何ビットか。(b) また、1 GByteの容量のメモリにはこのカラー画像が何枚入るか。

(8) (a) 10進数2桁を使って表されたコードの情報量は何ビットか。(b) また、そのコードが10進数1桁に丸められたときの情報量は何ビットか。(c) 自然数2桁の10進コードを2進コードにする場合、ビット長はいくらになるか。

(9) (a) 1パケットの通信料金はおよそいくらか、調べよ。
2011年ごろから、日本のあるインターネット通信業界ではアナログ電話回線で下り（受信方向）14.4 Mbpsに対応している。この通信速度で問題 (7) のカラー画像1枚が受信できたとして、その場合に、(b) 必要な時間を求めよ。(c) また、およそのパケット料金を求めよ。

(10) キーボードからaを入力すると！として受け取られ、bを入力すると"として受け取られ、pを入力すると0として受け取られ、qを入力すると1として受け取られるとき、どのような問題が発生していると考えられるか、ASCIIの表を参考にして答えよ。

3 いろいろな数の2進コード

…, −2, −1, 0, 1, 2, …は10進コードによる整数である。

9/10を表す0.9や1/9を表す0.1111…は10進コードによる有理数である。πを表す3.1415…は10進コードによる無理数である。これらは10進数による固定小数点数と呼ばれる。

これらに対して3.0×10^8のような数は10進コードによる浮動小数点数と呼ばれる。

これらの数は，コンピュータで使えるようにするため，それぞれの方法で2進コード化される。

3.1 ストレートバイナリ，オフセットバイナリ，2の補数バイナリ

バイナリはもともと2進法の意味で，2進コード，2進数，2進データなど

表3.1 数を表す4ビットのバイナリコード3種類

10進数	ストレート	10進数	オフセット	10進数	2の補数
0	0000	−8	0000	−8	1000
1	0001	−7	0001	−7	1001
2	0010	−6	0010	−6	1010
3	0011	−5	0011	−5	1011
4	0100	−4	0100	−4	1100
5	0101	−3	0101	−3	1101
6	0110	−2	0110	−2	1110
7	0111	−1	0111	−1	1111
8	1000	0	1000	0	0000
9	1001	1	1001	1	0001
10	1010	2	1010	2	0010
11	1011	3	1011	3	0011
12	1100	4	1100	4	0100
13	1101	5	1101	5	0101
14	1110	6	1110	6	0110
15	1111	7	1111	7	0111

の意味にも使われる。ここではおもに 2 進コードの意味。

表3.1 にストレートバイナリ (straight binary), オフセットバイナリ (offset binary), 2 の補数バイナリ (2's complement binary) それぞれの 4 ビット 2 進コードを示す。各 2 進コードの列の左列に対応する 10 進数を示す。

〔1〕 **ストレートバイナリ**

ストレートバイナリは, 絶対値を表す 2 進コードで, アドレスなどのように負の数がない場合のコードに使われる。負数を使わないなら計算にも使われる。

〔2〕 **オフセットバイナリ**

オフセットバイナリは, ストレートバイナリの数範囲のほぼ中央値にゼロ点を移動させただけのものである。**表**3.1 では, 10 進数 8 を表すストレートバイナリ 1000_b を 10 進数 0 を表すオフセットバイナリに当てている。

このコードは整数を表すことができるが負数を使う計算はできない。例えば

$$0111_b + 1001_b = 0000_b \ (-1_d + 1_d = -8_d)$$

$$1001_b + 1001_b = 0010_b \ (1 + 1 = -6)$$

などのように, 正しい計算ができない。

このコードは交流電圧の A-D 変換出力, D-A 変換入力によく利用される。

〔3〕 **2 の補数バイナリ**

2 の補数バイナリはオフセットバイナリの **MSB**(most significant bit:最上位ビット)の数を反転(1 なら 0 に, 0 なら 1 に)したものになっている。

2 の補数 2 進数は整数を表すことができ, 一般に**整数**(integer)型 2 進数とも呼ばれている。最上位ビットは**符号ビット**(sign bit)と呼ばれ, これが 0 の場合は「正の整数」で, 1 の場合は「負の整数」を表す(電卓などでは, 例えば 10 進整数 17 を 2 進数に変換するとき, 1 0001 と表示されて, 上の桁の 0 が省略されることがある。表示されていないがこの場合の最上位ビット(符号ビット)は 0 である)。この 2 進数は負数を使う計算に使うことができる。例えば 4 ビットの場合

$$0001_b + 1111_b = 0000_b \ (1_d + (-1)_d = 0)$$

$$0111_b + 1001_b = 0000_b \ (7_d + (-7)_d = 0)$$

$$1100_b + 1101_b = 1001_b \ ((-4)_d + (-3)_d = -7)$$

などのように，そのままで整数の計算が正しくできる。

　ただし2の補数2進数で表される数の範囲は，4ビットでは

$$-8_d \sim 7 \ (-2^3 \sim 2^3 - 1)$$

しかない。8ビットでは

$$-128 \sim 127 \ (-2^7 \sim 2^7 - 1)$$

16ビットでは

$$-32,768_d \sim 32,767_d \ (-2^{15} \sim 2^{15} - 1)$$

32ビットでは

$$-2,147,483,648_d \sim 2,147,483,647_d \ (-2^{31} \sim 2^{31} - 1)$$

になる[†]。n ビット2の補数2進数では，表せる整数の範囲は

$$\boxed{-1 \times 2^{n-1} \sim 2^{n-1} - 1}$$

である。数値結果がこの範囲外になることは**オーバーフロー**（over flow）と呼ばれる。

　n ビットの2の補数2進数では，次によって10進数に変換できる。

　＜**整数型 bin → dec**＞

$$(a_{n-1}a_{n-2}\cdots a_1 a_0)_b = \{(-1) \times a_{n-1} \times 2^{n-1} + a_{n-2} \times 2^{n-2} \cdots a_1 \times 2^1 + a_0 \times 2^0\}_d$$

$$a_i = 1 \text{ or } 0 ; i = n-1 \sim 0$$

例えば4ビットでは，次のようになる。

$$0110_b = (2^2 + 2^1)_d = 6_d$$

$$1100_b = (-1 \times 2^3 + 2^2)_d = -4_d$$

これらの数を5ビットで表す場合は，次のようになる。

$$0\ 0110_b = (2^2 + 2^1)_d = 6_d$$

$$1\ 1100_b = (-1 \times 2^4 + 2^3 + 2^2)_d = -4_d$$

つまり，正の数の場合には最上位に0を追加，負の数の場合には最上位に1を追加すればよい。2の補数型2進数6ビットで同じ数にするには

$$0\ 0110_b \longrightarrow 00\ 0110_b$$

---

† 一般にコンピュータ C 言語では，整数型2進数を入れる変数（メモリ）は，16ビットでは short，32ビットでは int または long を使って定義される。

$$1\ 1100_b \longrightarrow 11\ 1100_b$$

とすればよい.

＜ 負数 dec → 整数型 bin ＞

負数を整数型2進数に直す場合，まず正数の整数型2進数を求め，次にその2の補数を取ればよい．例えば4ビットで-4を表す1100_bの場合，正数4の整数型2進数は0100_b，この各桁をすべて反転させると1011_b，この最下位に1を加えて$1011_b + 1 = 1100_b$，として得ることができる．

一般に，ある数 X から $-X$ にすることは，「X の2の補数を取る」と呼ばれている．ある正数 X の負数 $-X$ の2の補数バイナリは，「**X のストレートバイナリの各桁の 0, 1 をすべて反転させ最下位に 1 を加えたもの**」である.

2の補数2進数は次節でもう少し詳細に述べる．

3.2 2の補数2進数, 1の補数2進数

〔1〕 補　　　数

補数の意味をもう少し説明する．

$$T + X = T$$

であるような X をゼロといい，0で表す．したがって，2進数の 0000 などは 0 とおいてよい．このとき

$$T + 0 = T$$

である．あるいは

$$0 = T - T$$

である．

また

$$T + X = 0$$

であるような X を T の負数といい

$$X = -T$$

と表す．つまり

$$T + (-T) = 0$$

である．正数とその負数は，直線上で 0 を中心にして対称に位置させた点で視

覚化できる。負符号「−」はこの視覚化をするものである。この視覚化の代わりを数で行う方法が補数による方法である。

「P に対する T の**補数**（complement）T_c」とは

$$T + T_c = P$$

が成立するような T_c のことで，T_c は P に対する T の補数と呼ばれる[†]。このとき，負数 $-T$ は補数 T_c を用いて次に表すことができる。

$$-T = T_c - P$$

これは，負数 $-T$ は T_c と P での減算で表すこともできる，ということを意味している。

これを 10 進数の場合で説明する。**表 3.2** に 10 進数 $\{T; 0 \sim 99\}$ と，それらの $P = 100$ に対する補数 T_c の例を示す。例えば，1 の 100 に対する補数は 99 である。また第 3 列に $\{T_c; 99 \sim 50\}$ の範囲の $T_c - 100$ を示している。

表 3.2 100_d に対する補数，それが対応する負数

10 進数 T	100_d に対する T の補数 T_c	$T_c - 100_d$
0	100	
1	99	−1
2	98	−2
3	97	−3
⋮	⋮	⋮
49	51	−49
50	50	−50
⋮	⋮	
97	3	
98	2	
99	1	

$T = 1$ の負数は，$P = 100$ とそれに対する T の補数 $T_c = 99$ とを用いて

$$-1 = 99 - 100$$

と表すことができる。補数 T_c と P での減算とを使うと，例えば 3 に -1 を加える計算：

$$3 + (-1) = 2 \quad \text{は}$$

$$3 + 99 = 102 \rightarrow 2。$$

つまり，3 に 99 を加えて下 2 桁にすればよい。

また 4 に -1 を掛ける計算：

$$4 \times (-1) = -4 \quad \text{は}$$

$$4 \times 99 = 396 \rightarrow 96 = -4。$$

[†] 加法混色 Red + Cyan = White において，Cyan は（白色に対する）Red の補色である。
減法混色 Red + Cyan = Gray において，Cyan は（灰色に対する）Red の補色である。

3.2 2の補数2進数，1の補数2進数　31

また，−3に−1を掛ける計算：

$-3 \times (-1) = 3$ は

$97 \times 99 = 9603 \rightarrow 3$。

このようにすることと約束すれば，−1は1の補数99で−3は3の補数97で置き換えることができる。

このような方法が，負符号「−」の代わりを補数で行う方法である。**表3.2**の右端列の負数−1〜−50は補数99〜50で代用できる。この方法では，整数の10進コード−50, −49, ⋯, −2, −1, 0, 1, 2, ⋯, 49の範囲の計算が，負符号「−」を使わずに50, 51, ⋯, 98, 99, 0, 1, 2, ⋯, 49の範囲の数で可能である。ただし，−1〜−50までの数を補数99〜50で表すことにすれば，0〜99のうち半分の50〜99は負数用になる。つまり，50〜99は正整数として使えない。

〔2〕 **2の補数2進数**

2進数でも同様のことが可能である。例えば

$T + T_c = 1\ 0000_b$

を満たすT_cは，$P = 1\ 0000_b = 2^4$に対するTの補数である。**表3.3**中央列は$1\ 0000_b$に対するTの補数T_cである。このとき

$-T = T_c - 1\ 0000_b$

となる。これは，$-T$の代わりにT_cを使いビット4の桁をないものとして計算すればよい，ということを意味している。

例えば，ある2進数0100_bに-0011_bを加える計算は

$0100_b + (-0011_b) = 0001_b$ を

$0100_b + 1101_b = 1\ 0001_b \rightarrow 0001_b$。

つまり，0100_bに0011_bの補数1101_bを加えて下4桁にすればよい。このようにすることと約束すれば，

表3.3 $1\ 0000_b$に対する補数，それが対応する負数

2進数T	$1\ 0000_b$に対するTの補数T_c	$T_c - 1\ 0000_b$
0000	1 0000	
0001	1111	−0001
0010	1110	−0010
0011	1101	−0011
0100	1100	−0100
0101	1011	−0101
0110	1010	−0110
0111	1001	−0111
1000	1000	−1000
1001	0111	
⋮	⋮	
1101	0011	
1110	0010	
1111	0001	

-0011_b は 0011_b の $1\,0000_b$ に対する補数 1101_b で代用できる。

このようにすれば，表3.3中央列の $1\,0000_b$ に対する T の補数 1111, 1110, 1101, …, 1000 は，負数2進数 $-0001, -0010, -0011, …, -1000$ を代用することができる。この方法では，整数の10進コード $-8, -7, …, -2, -1, 0, 1, 2, …, 7$ が2進コード 1000, 1001, …, 1110, 1111, 0000, 0001, 0010, …, 0111 で表される。最上位ビットは**符号ビット**と呼ばれ，1であればその数は負数，0であれば正数と約束されている。

$P=2^n$ に対する n ビット T の補数 T_c は

$$-T = T_c - 2^n$$

となり，n ビットだけで計算する場合は

$$\boxed{-T = T_c}$$

が成立することになる。つまり，「n ビットの計算システムでは，T の負数は $P=2^n$ に対する T の補数で表すことができる」といえる[†]。

「任意 n ビットの場合で，$P=2^n$ に対するある数 T の補数 T_c のことを数 T の**2の補数2進数**」と呼ぶ。

また，2の補数2進数という言葉は，整数型2進数の意味でも使われ，正の整数はストレートバイナリで表し，負の整数 $-T$ は T の2の補数2進数で表すことを，「整数を2の補数2進数で表す」という。

〔3〕 **1の補数2進数**

次に $P=1111_b=2^4-1$ に対する T の補数 T_c を考えよう。表3.4に示すように，このような補数 T_c は T の全ビットを反転することに等しい。T のすべてのビット反転は $\overline{T}$ あるいは $\mathrm{not}(T)$ で表される。ここで

表3.4　1111_b に対する補数

2進数 T	1111_b に対する T の補数 T_c	$-T = T_c + 1$
0000	1111	0000
0001	1110	1111
0010	1101	1110
0011	1100	1101
0100	1011	1100
⋮	⋮	
1101	0010	0011
1110	0001	0010
1111	0000	0001

● $-T$ も4ビットで表す場合。

[†] 電卓で使用モードを base 2（または bin）にして，例えば"$-1=$"と入力すると $11\cdots 1_b$ に，"$-10=$"と入力すると $11\cdots 10_b$ になる。

は $T_c = \overline{T}$ と表すと次になる。

$$T + \overline{T} = P$$

このような補数 $T_c = \overline{T}$ のことを**1の補数2進数**（one's complement binary）と呼ぶ。例えば，1110 は 0001 の 1 の補数 2 進数，1101 は 0010 の 1 の補数 2 進数，と呼ぶ。

このときビット長 n では

$$T + \overline{T} = 2^n - 1$$
$$-T = \overline{T} - 2^n + 1$$

が成立するので，n ビットだけで計算する場合は

$$\boxed{-T = \overline{T} + 1}$$

が成立することになる。例えば，0001 の各ビットすべての反転（1 の補数）1110 に 1 を加えれば 1111 となり，これは -0001 を表す 2 の補数 2 進数である。このように，1 の補数を用いると 2 の補数が簡単に求まる。

3.3　固定小数点2進数

有理数，無理数は小数点を使って，10 進数では例えば

$$\frac{4}{5} = 0.8$$

$$\sqrt{2} = 1.414\cdots$$

のように表すことができる。有理数，無理数のこのようなコードを**固定小数点数**（fixed point number）という。整数も小数点以下がない固定小数点数といえる。

固定小数点数では以下の例のように

$$\sqrt{2} = 1.414\cdots \rightarrow 1.4$$
$$\sqrt{0.0002} = 0.01414\cdots \rightarrow 0.014$$

四捨五入によって有効数字を 2 桁にしても，必要な桁数は一定ではない（一般に有効数字とは，丸めて残された数字（精度の予測可能な数字）のこと）。

固定小数点 10 進数は

$$(a_n \cdots a_1 a_0 . a_{-1} a_{-2} \cdots)_d = a_n \times 10^n + \cdots a_1 \times 10^1 + a_0 \times 10^0 + a_{-1} \times 10^{-1}$$
$$+ a_{-2} \times 10^{-2} + \cdots$$

の意味である。例えば

$$12.34_d = 1 \times 10^1 + 2 \times 10^0 + 3 \times 10^{-1} + 4 \times 10^{-2}$$

となる。これは，1234_d の 10^{-2} である。

同様に絶対値型小数点付き2進数は

$$(a_n \cdots a_1 a_0 . a_{-1} a_{-2} \cdots)_b = a_n \times 2^n + \cdots a_1 \times 2^1 + a_0 \times 2^0 + a_{-1} \times 2^{-1} + a_{-2} \times 2^{-2} + \cdots$$
$$a_i = 1 \text{ or } 0 \ ; \ i = n, n-1, \cdots, 0, -1, -2, \cdots$$

の意味である。例えば

$$10.101_b = 1 \times 2^1 + 0 \times 2^0 + 1 \times 2^{-1} + 0 \times 2^{-2} + 1 \times 2^{-3} = 2.625_d$$

となる。これは絶対値型2進数 $1\ 0101_b = 21_d$ の 2^{-3} である。

符号付き（2の補数型）固定小数点2進数の場合は，最上位ビットが符号ビットなので

$$(a_n \cdots a_1 a_0 . a_{-1} a_{-2} \cdots)_b = (-1) \times a_n \times 2^n + \cdots a_1 \times 2^1 + a_0 \times 2^0 + a_{-1} \times 2^{-1}$$
$$+ a_{-2} \times 2^{-2} + \cdots$$

表3.5　5ビットの固定小数点数

10進数	2の補数型固定小数点2進数
0.0	0000.0
0.5	0000.1
1.0	0001.0
1.5	0001.1
2.0	0010.0
⋮	⋮
7.5	0111.1
-8.0	1000.0
⋮	⋮
-1.5	1110.1
-1.0	1111.0
-0.5	1111.1

の意味である。例えば

$$1010.101_b = (-1) \times 1 \times 2^3 + 1 \times 2^1$$
$$+ 1 \times 2^{-1} + 1 \times 2^{-3} = -5.375_d$$

となる。これは7ビット2の補数型2進数 $101\ 0101_b = -43_d$ の 2^{-3} で -5.375_d である。

表3.5 は小数点以下1桁の5ビットの2の補数型固定小数点2進数である。

有理数は，ある基数で表した場合に割り切れても，別の基数で表すと割り切れず循環小数になる場合がある[†]。以下に例を示す。

$$\frac{1}{10_d} = 0.1_d \qquad \frac{1}{1010_b} = 0.0001100110\cdots_b$$

[†] 有理数は10進数で循環小数になっても，底を適当にすれば必ず有限小数になる。
　　<例> $1/3 = 0.333\cdots_{10}$ は3進数では 0.1_3 となる。

$$\frac{1}{5} = 0.2_d \qquad \frac{1}{101_b} = 0.00110011001\cdots_b$$

小数点以上10進数1桁の数は4ビットで表すことができた。しかし，この例のように小数点以下10進数1桁の数でも2進数では無限桁必要になることが起こることがあり，これを有限桁の2進数に**丸め**る場合，必ず丸め誤差が生じる。例えば，上の最初の例を小数点以下5桁以降切捨てで2進数 0.0001_b に丸めるとすると丸め誤差は -0.0375_d，小数点以下5桁目を切上げで 0.0010_b に丸めると丸め誤差は 0.025_d となる。また，2番目の例で2進数 0.0011_b に丸める場合は丸め誤差は -0.0125_d となる。

なお，コンピュータでは，固定小数点2進数をメモリに入れる場合，小数点の位置を指定する情報はこの2進数の中にはないので，小数点位置は別途約束しておかねばならない。

3.4　2進数による浮動小数点数

有理数，無理数は，小数点と指数を使って10進数では例えば

$$\frac{0.04}{5} = 0.008 = 8.000\cdots \times 10^{-3}$$

$$\sqrt{20000} = 1.414\cdots \times 10^{2}$$

のように表すことができる。これらの例は，有効数字の桁数を四捨五入で2桁に丸めるなら

$$8.000\cdots \times 10^{-3} \rightarrow 8.0 \times 10^{-3}$$

$$1.414\cdots \times 10^{2} \rightarrow 1.4 \times 10^{2}$$

のようにできる。ここで矢印の右側の数，8.0や1.4は**仮数**（significand or mantissa），10は**底**，-3や2は**指数**と呼ばれる。仮数は有効数字である。このような仮数，底，指数で表された数を**浮動小数点数**（floating point number）という。

浮動小数点数は，指数，仮数が有限の場合，当然連続した実数を表すことはできない。表現できる数の刻み幅は，指数が小さい数範囲では小さく，指数が大きい数範囲では大きい。また，表せる数範囲は使用桁数が同じなら整数より

も広範囲である。

例えば簡単化のため，0よりも大きい数では仮数は3桁で1.00～9.99の範囲とし†，また指数の数範囲は-9～9とするとき，0よりも大きい数で最も小さい数付近は，$1.00 \times 10^{-9}, 1.01 \times 10^{-9}, 1.02 \times 10^{-9}, \cdots$ となり，最も大きい数付近は，$\cdots, 9.98 \times 10^9, 9.99 \times 10^9$ となる。

このように表現できる数の範囲は広く，また，刻み幅は変化する。このとき，小さい数付近では誤差（丸め誤差）は小さく，大きい数付近では誤差は大きくなるが，真値に対する相対誤差の大きさはどちらの付近でもほぼ同じになる。

例えば上記の例で，仮数を切捨てによって3桁に丸めて上記コードにする場合，最も小さい数範囲 1.00×10^{-9} ～ 9.99×10^{-9} で起こる誤差最大値は 0.01×10^{-9}，そのときの0以外の真値の最小値は 1.00×10^{-9}，最大値は 9.99×10^{-9}，だからこの範囲で起こる相対誤差は 0.01 ～約 0.001 である。

最も大きい数範囲 1.00×10^9 ～ 9.99×10^9 で起こる誤差最大値は，0.01×10^9，そのときの真値の最小値は 1.00×10^9，最大値は 9.99×10^9，だからこの範囲で起こる相対誤差は 0.01 ～約 0.001 である。

このように相対誤差は仮数の桁数で決まり，大きい数付近でも小さい数付近でも同じであることが分かる。

浮動小数点数は，限られた数範囲の仮数，指数，底を使って非常に大きい数から非常に小さい数まで表すことができるのが特徴であるが，大きい数では表せない整数が現れることに注意を要する。例えば上の例では，$\cdots, 9.98 \times 10^2, 9.99 \times 10^2, 1.00 \times 10^3, 1.01 \times 10^3, 1.02 \times 10^3, \cdots$ は，$\cdots, 998, 999, 1000, 1010, 1020, \cdots$ となり，1000を超えると表せない整数が発生する。

また，大きい数と小さい数の加減算では小さい数が無視されてしまう場合が起こることに注意を要する。上の例では，例えば $1.00 \times 10^{-9} + 1.00 \times 10^9 = 1.00 \times 10^9$ となる。

上記は，底が10で，仮数，指数に10進数を使った浮動小数点数である。底

---

† C言語 printf 関数における %e 表示形式も浮動小数点10進数を1の位と小数点以下何桁かで表す。

3.4 2進数による浮動小数点数

を2にして，仮数，指数に2進数を使うことで浮動小数点数をつくることもできる。この方式は32ビット形式と64ビット形式があり，IEEEで以下のように制定されている。

32ビット2進コードは，$s, e=(e_7\cdots e_0)_b, f=(f_{-1}\cdots f_{-23})_b$

64ビット2進コードは，$s, e=(e_{10}\cdots e_0)_b, f=(f_{-1}\cdots f_{-52})_b$

で構成される。sは**符号ビット**（sign bit），eは**指数ビット**（exponent bit），fは**小数ビット**（fraction bit）と呼ばれ，コンピュータのメモリにはこの順番に上位の桁から配置され，浮動小数点数はこれらを用いて以下の式で計算される。

$$\boxed{(-1)^s 2^{e-\text{bias}}(1.f)_b}$$

32ビット形式，64ビット形式浮動小数点数はそれぞれ，**単精度浮動小数点数**（single precision floating point number），**倍精度浮動小数点数**（double precision floating point number）と呼ばれる[†]。

一般にはこれらは，32ビット浮動小数点数，64ビット浮動小数点数とも呼ばれる。また，**実数型2進数**とも呼ばれる（ただし実際は丸められる場合があり，実数をすべて表すということはできない）。

上式中，2は底で，e-biasは指数，$(1.f)_b$は仮数である。符号ビットsは0で正の数，1で負の数を表すことが分かる。指数ビットeはストレートバイナリで，単精度では8ビット，倍精度では11ビットである。biasは定数で単精度で127_d，倍精度で1023_dと決められている。小数ビットfは，単精度で23ビット，倍精度で52ビットとなる。eと仮数のとる数範囲は単精度，倍精度でそれぞれ以下になる。

単精度 $\begin{cases} e=(e_7\cdots e_0)_b = 0 \sim 255_d \\ (1.f)_b = (1.f_{-1}\cdots f_{-23})_b = 1 \sim 2-2^{-23} \end{cases}$

倍精度 $\begin{cases} e=(e_{10}\cdots e_0)_b = 0 \sim 2047_d \\ (1.f)_b = (1.f_{-1}\cdots f_{-52})_b = 1 \sim 2-2^{-52} \end{cases}$

[†] これらの変数はC言語では，単精度はfloat，倍精度はdoubleを使って定義される。

ただし，$e=0$ の場合は 0 を表し，$e=255_d$（単精度），2047_d（倍精度）の場合は ∞ を表し，$1 \leqq e \leqq 254_d$（単精度），$1 \leqq e \leqq 2046_d$（倍精度）のときは，0，∞以外の数を表す，と決められている。

単精度または倍精度浮動小数点数において，仮数を $(1.f)_b$ とすることを**正規化**，$(0.f)_b$ とすることを非正規化と呼ぶ。浮動小数点で変数定義した場合の数は正規化された数であるが，計算の結果，その絶対値が 0 と正規化された最小の数との間の場合は非正規化されて表現される。

以下，s が 0 の場合のいくつかの正規化の単精度浮動小数点数を 10 進数に変換する。また，ある 10 進浮動小数点数を正規化の単精度浮動小数点数に変換する。

< **単精度浮動小数点数（float）→ 10 進数** >

（1） **0 の次に大きい数付近**

$e = (0000\ 0001)_b$

$2^{1-127_d}(1.0\cdots 000)_b \simeq 1.175494351 \times 10^{-38}$

$2^{1-127_d}(1.0\cdots 001)_b = 2^{-126_d}(1 + 2^{-23}) = 1.175\cdots \times 10^{-38} + 1.401\cdots \times 10^{-45}$
$\simeq 1.175494491 \times 10^{-38}$

$2^{1-127_d}(1.0\cdots 010)_b = 2^{-126_d}(1 + 2^{-22}) = 1.175\cdots \times 10^{-38} + 2.802\cdots \times 10^{-45}$
$\simeq 1.175494631 \times 10^{-38}$

これらの数の間隔は

$2^{-149} \simeq 1.40 \times 10^{-45}$

となる。また仮数を切捨てによって小数点以下 23 ビットに丸めるとき，これらの数の相対誤差最大値は

$2^{-23} \simeq 1.20 \times 10^{-7}$

となる。

（2） **数 2^{24} 付近の数**

$e = (1001\ 0111)_b = 151_d$

$2^{24_d}(1.0)_b = 16\ 777\ 216_d$

$2^{24_d}(1.0\cdots 001)_b = 2^{24_d}(1 + 2^{-23}) = 16777216_d + 2$

$2^{1-127_d}(1.0\cdots 010)_b = 2^{24_d}(1 + 2^{-22}) = 16777216_d + 4$

これらの数の間隔は，2 となる。

このように，単精度浮動小数点数では，$2^{24} = 16777216_d$ を超えると表せない整数が現れるので要注意。

(3) **最大数付近の数**

$$e = (1111\ 1110)_b = 254_d$$
$$2^{127_d}(1.1\cdots111)_b = 2^{127_d}(2 - 2^{-23}) \simeq 3.402823466 \times 10^{38}$$
$$2^{127_d}(1.1\cdots110)_b = 2^{127_d}(2 - 2^{-22}) \simeq 3.402823264 \times 10^{38}$$
$$2^{127_d}(1.1\cdots101)_b = 2^{127_d}(2 - 2^{-22} - 2^{-23}) \simeq 3.402823061 \times 10^{38}$$

となる。これらの数の間隔は

$$2^{104} \simeq 2.03 \times 10^{31}$$

となる。また仮数を切捨てによって小数点以下 23 ビットに丸めるとき，これらの数の相対誤差絶対値は

$$(2^{104}) \div (2^{128}) \simeq 0.60 \times 10^{-7}$$

となる（相対誤差最大値は $2^{127}(1.00\cdots0)_b$ 付近で約 1.20×10^{-7} となる）。

このように 2 進浮動小数点数も，非常に小さな数から非常に大きな数まで表すことができる。このとき，小さい数範囲では刻み幅も小さく，大きい数範囲では刻み幅も大きい。ただし，相対誤差は小さい数範囲でも大きい数範囲でもほぼ同じである。

正規化の場合，0 と次に大きい数 1.175×10^{-38} との間隔は，この付近での刻み幅：約 1.401×10^{-45} に比べて極端に大きい。非正規化の数は，正規化の数を使った計算結果が 1.175×10^{-38} より小さい場合，それを表したい場合に使われる。

< 10 進浮動小数点数 → float（単精度浮動小数点数）>

9.1×10^{-31} を単精度浮動小数点数に変換する場合を例にして説明する。

$$9.1 \times 10^{-31} = (-1)^s 2^{e-127}(1.f)_b$$

とおいて，s, e, f を求める。添字なしの数は 10 進数とする。この例では，s は 0 であることが分かる。両辺底 2 の対数をとると

$$\log_2 9.1 - 31 \times \log_2 10 = e - 127 + \log_2(1.f)_b$$
$$e + \log_2(1.f)_b = 127 + \log_2 9.1 - 31 \times \log_2 10 = 27.206096\cdots$$

となる。

$0 \leq \log_2(1.f)_b < 1$

なので

$e = 27$

$\log_2(1.f)_b = 0.206096\cdots$

となる。仮数に関しては

$(1.f)_b = 2^{0.206096} = 1.15356\cdots$

となり，簡単化のため2進数小数点以下6桁まで求めることにすれば

$(1.0010\ 01)_b = 1.1406$

となる。右辺はその10進数である。

3.5　2進化10進数

2進化10進数：BCD（binary coded decimal）とは10進数1桁を2進数4桁で表したコードである。10進数0～9は2進数0000～1001で表される。10進数2桁の数なら，1の位，10の位それぞれに2進数4桁，合計8桁で表される（**表3.6**）。

表3.6　8ビットBCD

10進数	BCD
00	0000 0000
01	0000 0001
02	0000 0010
⋮	⋮
09	0000 1001
10	0001 0000
11	0001 0001
12	0001 0010
⋮	⋮
99	1001 1001

● 10進数2桁の数に対応するBCD

特に7セグメントLEDによる10進数表示の場合，7セグメントLEDデコーダドライバICは，10進数1桁用に4ビットBCDを入力して7セグメントLEDをドライブするようになっている（**図1.14**参照）。例えば10進数27を表示する場合，その2進化10進数0010 0111$_b$の上位，下位それぞれ4ビットを2個の7セグメントLEDデコーダドライバICに入力することで，2個の7セグメントLEDに表示できる。このような場合にはBCDは便利なコードで，時計の時刻などによく使われる。

また，BCDでは10進数の小数点以下の数も1桁はそのまま4ビットで表さ

れるので，10進数で有限桁の小数点数は有限桁の2進数で表せるという特徴をもっている。これは，有限桁の小数点付き10進数，例えば 0.1_d が，小数点付き2進数で表すと循環小数 $0.0001100110011\cdots_b$ になり，これを有限桁に丸めるときには誤差が生じるが，このようなときBCDを使えば丸め誤差なしになる。したがって，人間社会で使う小数点付き有限桁10進数を2進数で表す場合にはBCDが適している。

ただし，BCDに変換したりBCD表示の数で計算したりするのは単純ではないので，本書では触れない（ハーフキャリーの関連で少し説明している）。

3章の演習問題

(1) **問表2**(a)(b)はいくつかの数を各種コードで表したものである。同じ行の数値が等しくなるように，空白にその列指定の表現に変換せよ。

問表2

(a)

2進数 (8ビット絶対値型)	10進数	16進数
	50	
	100	
0101 1010		
1010 0101		
1010 0100		
		45
		8A

(b)

2進数 (8ビット整数型)	10進数	16進数
	−50	
	−100	
0101 1010		
1010 0101		
1010 0100		
		45
		8A

(2) (a)整数を4ビット2の補数2進数（整数型2進数）で表した場合，表せる範囲の10進数とそれに対応した2進数列を表にして表せ。

(b)次に，10進数の次の計算：(A) $5+2$，(B) $6+2$，(C) $(-5)+(-2)$，(D) $(-6)+(-2)$ を，4ビット2の補数2進数（整数型2進数）で行なえ。

(c)上の4ビット2の補数2進数（整数型2進数）の計算で正しく計算ができない場合がある。それはどの場合か。またそのようなことを何と呼ぶか。

(3) 16ビット，32ビットの次の型(a)絶対値型（ストレート）2進数，(b)整数型（2の補数）2進数で表せる範囲はいくらか，10進数で答えよ。

（4） 10進数 $+1.75 \sim -2$ を 0.25 刻みの 4 ビット 2 の補数 2 進数の固定小数点数（小数点以下は 2 桁まで）で表せ。

（5） (a) 1 割る 3 を 2 進数で行い，切捨てによって小数点以下 8 桁に丸めた結果を表せ。

(b) この場合の丸め誤差を有効数字（四捨五入で丸めて）3 桁の 10 進数で表せ。

（6） (a) **問表 3** の s, e, f（符号，指数，仮数部の小数の各ビット）の表す単精度型浮動小数点数を 10 進浮動小数点数に直し，四捨五入で有効数字 3 桁にして表せ。

(b) 表の A, B, C 各行の表す数に対して，正の向きに，次に大きい数を表すための s, e, f を求めよ。

(c) 問題 (b) の数が増加した分を有効数字（四捨五入で丸めて）3 桁の 10 進数で表せ。

問表 3

	10進数	s	e	f
A		0	1000 0000	1000 0000 0000 0000 0000 000
B		1	1000 0000	1000 0000 0000 0000 0000 000
C		0	1111 0111	1111 1111 1111 1111 1111 111

（7） (a) 単精度型浮動小数点数，(b) 倍精度型浮動小数点数の最大相対誤差（丸めが切り捨てで行われる場合）は，それぞれどの程度になるか。

4 A-D 変換, D-A 変換

アナログからディジタルに変換することは「**A-D 変換**(A-D conversion)」と呼ばれ,その逆は「**D-A 変換**」と呼ばれる。通常,温度,圧力などの物理量はセンサで一旦アナログ電圧に変換され,このアナログ電圧から A-D 変換され,また D-A 変換でアナログ電圧に戻される。

4.1 量　子　化

アナログは,アナログのある量を最小単位の 1 粒としてこれらの集まりで近似できる。A-D 変換はアナログをそのような粒(量子)の集まりにするという意味で「**量子化**(quantization)」とも呼ばれる。

4.1.1 量子化誤差と分解能

図 4.1 は温度,圧力,光などの物理量をセンサでアナログ電圧に変換し,それを増幅し,ローパスフィルタ(low pass filter)を通した後 A-D 変換器(ADC:A-D converter)でビット長 n の 2 進数に量子化する(ストレートバイナリ,オフセットバイナリまたは 2 の補数 2 進数などにする)までの流れを示している。A-D 変換器出力の電圧ハイレベルは論理値 1 に,電圧ローレベルは 0 に対応している。

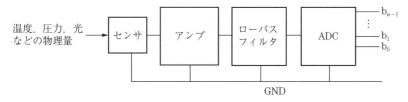

図 4.1　物理量をアナログ電圧にしてそれを A-D 変換器で A-D 変換する流れ

ローパスフィルタは,標本化定理を満たす信号だけを通すためのアンチエイリアシングフィルタである(標本化定理,アンチエイリアシングフィルタに関

しては4.3節で説明する)。

A-D変換器には前段にサンプル＆ホールド回路が内蔵されており，ある時点のアナログ電圧が標本として取り込まれると変換終了までその電圧は保持されるようになっている。

A-D変換器の基本的な入出力特性を図4.2に示す。V_{in}は入力電圧，digital outputはディジタル出力である。階段の横軸に平行な部分は，ある範囲の入力電圧が一つのディジタル値に変換されることを表している。階段の横軸に直角な部分は，そのアナログ値を境にディジタル値が変化することを表している。このような階段状のグラフはA-D変換器の伝達特性と呼ばれる。ここでは入力電圧は正電圧で，出力は簡単化のため3ビットストレートバイナリとする。

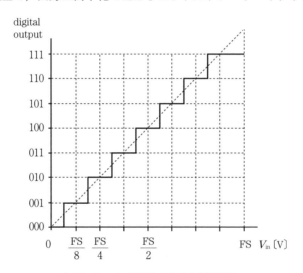

3ビットA-D変換器の理想的伝達特性

図4.2 A-D変換器の基本的な入出力特性

FSはfull scale（最大計測値）の電圧を意味する。FSは個々のA-D変換器により決まっている。階段の高さや幅は，入出力範囲が同じA-D変換器においてもすべて同じとは保証できないが，ここでは，簡単化のためA-D変換器は理想的なものとして，階段の高さも幅はすべて同じとしている。

2進数の最小桁をLSB（least significant bit）といい，A-D変換では1 LSBはアナログ入力電圧を近似するための最小電圧範囲（1量子）の単位に使われ

る。これは，n ビット A-D 変換器では次の関係になる。

$$1\,\text{LSB} = \frac{\text{FS}}{2^n}\,[\text{V}]$$

3 ビット A-D 変換器の伝達特性を表にして LSB の単位を用いて**表 4.1** に示す。この表では変換される電圧の範囲に対してそのコードが書かれているが，変換されたディジタル値に対応する電圧は LSB の単位で上から $0, 1, 2, \cdots, 7$ となり，それぞれの階段幅内の電圧は中心の値

表 4.1 3 ビット A-D 変換器の伝達特性

入力 × LSB [V]	出力
0 〜 0.5	000
0.5 〜 1.5	001
1.5 〜 2.5	010
2.5 〜 3.5	011
3.5 〜 4.5	100
4.5 〜 5.5	101
5.5 〜 6.5	110
6.5 〜 8.0	111

● 1 LSB = FS/8 [V]

に**丸め**られることになる。このときの丸め誤差を**量子化誤差**（quantization error）という。これは最大で 0.5 LSB になることが分かる。n ビット A-D 変換では，これは次の関係になる。

$$0.5\,\text{LSB} = \frac{\text{FS}}{2^{n+1}}\,[\text{V}]$$

量子化誤差を，量子化誤差 [V] =（変換値に相当する電圧）−（入力電圧）で示すと**図 4.3** になる。

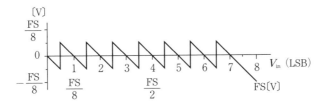

図 4.3 3 ビット A-D 変換器の量子化誤差

分解能（resolution）は，隣接する 2 つのものを区別する能力のことをいう。A-D 変換器の分解能は出力のビット幅で定義され，出力 n ビット幅の A-D 変換器は分解能が n ビットと呼ばれる。また区別できる個数は**階調**（gradation）と呼ばれ，出力 n ビット幅の A-D 変換器は，FS で決められた電圧範囲を 2^n 個のディジタルコードに分解できる（2^n 階調に分解できる）。

A-D 変換の量子化誤差は元信号に加わったノイズに相当する。このノイズは量子化ノイズと呼ばれる。これがユーザーにとって無視できる程度であれ

ば，A-D変換器分解能は十分であるといえる．

4.1.2 量子化ノイズと SN 比

実際の A-D 変換器の伝達特性には，オフセット誤差（ゼロ点のずれ）や，線形性誤差（**図 4.2** の階段上昇が一様でない，あるいは一様であっても上昇割合が理想と異なる）などで理想的なものから多少ずれがある．したがって実際の A-D 変換器の分解能は，このような誤差やノイズのため A-D 変換器出力のビット幅より小さくなることがある．以下，A-D 変換器の誤差が量子化だけから生じる理想的な A-D 変換の場合のノイズ（量子化ノイズ）について述べる．

SN 比（signal to noise ratio）はノイズに対する信号の大きさの目安を与えるものである．これは

$$\frac{S}{N} = \frac{信号電圧の二乗平均}{ノイズ電圧の二乗平均}$$

で定義される．この比は，信号源，ノイズ源に同じ負荷をつないだ場合その負荷で発生する平均電力比：

$$\frac{信号平均電力}{ノイズ平均電力}$$

に等しい．

V_{s_rms} を A-D 変換できる最大振幅正弦波信号電圧の実効値（二乗平均の平方根），V_{n_rms} を量子化ノイズ電圧の実効値（二乗平均の平方根）とおくとき，これらは以下になる．

$$V_{s\_rms} = \frac{1}{\sqrt{2}}\left(\frac{FS}{2} - \frac{FS}{2^n}\right)$$

$$V_{n\_rms} = \frac{FS}{2^{n+1}\sqrt{3}}$$

S/N は，dB 表示では

$$\frac{S}{N} = 10 \log_{10}\left(\frac{V_{s\_rms}}{V_{n\_rms}}\right)^2 \text{[dB]}$$

なので，以下になる．

$$\frac{S}{N} = 20 \log_{10}\frac{\left(\frac{1}{2} - \frac{1}{2^n}\right)2^{n+1}\sqrt{3}}{\sqrt{2}} \approx 6.02n + 1.76 \text{[dB]}$$

＜量子化ノイズ電圧の二乗平均の計算方法＞

$-0.5\,\mathrm{LSB} \sim 0.5\,\mathrm{LSB}$ の範囲のノイズが等確率で起こる場合のノイズ波形として，例えば，時間 $-T/2 \sim T/2$ の範囲で最小値 $-0.5\,\mathrm{LSB}$ から最大値 $0.5\,\mathrm{LSB}$ を周期 T で繰り返すノコギリ刃波形を使えば，十分長い時間でのノイズ電圧の二乗平均は，1 周期での二乗平均：

$$\left(\frac{\mathrm{FS}}{2^{n+1}}\right)^2 \frac{1}{T}\int_{-T/2}^{T/2}\left(\frac{2t}{T}\right)^2 dt = \left(\frac{\mathrm{FS}}{2^{n+1}}\right)^2 \frac{1}{3}$$

としてよい。

＜信号の実効値＞

増幅器などの SN 比の測定時，信号電圧の実効値には正弦波 1 V が使われることが多いが，ここでは信号電圧を A-D 変換できる最大振幅の正弦波の振幅/$\sqrt{2}$ を使うこととすると，交流電圧のゼロ点を FS/2 にすることで，信号電圧の実効値は以下になる。

$$V_{\mathrm{rms}} = \frac{1}{\sqrt{2}}\left(\frac{\mathrm{FS}}{2} - \frac{\mathrm{FS}}{2^n}\right)$$

ノイズが量子化ノイズだけとした場合，A-D 変換器のビット数を増せば SN 比はいくらでも大きくできるが，実際の A-D 変換器では，理想特性からのずれや外来ノイズがあるので，A-D 変換器のビット数を大きくすると，SN 比はどこかで飽和する。したがって，それ以上ビット数の大きい A-D 変換器を使っても無意味となる。

＜音楽用 CD の場合＞

実際の音楽用 CD では音信号の量子化に 16 ビットが使用されている。この場合，上式の SN 比は約 98 dB となる。

音に対する人の耳のダイナミックレンジ（最大エネルギー／最小エネルギー比）は約 120 dB と言われている（図4.4）。図の縦軸は，最小可聴音圧を 1 とした場合の音圧の割合である。ノイズが最小可聴音圧とすると，音楽再生装置が人の耳の性能を満たすためには約 120 dB の SN 比が必要である。この場合 A-D 変換を行うためにも A-D 変換器の SN 比は 120 dB 以上必要となるので，A-D 変換器分解能は約 20 ビット以上となる。

音楽用 CD は 16 ビットなので，これを最大信号出力が人の可聴音圧 120 dB になるよう設定して聴くとすれば，量子化ノイズは約 22 dB となり，木の葉の触れ合う程度のノイズが生じていることになる。

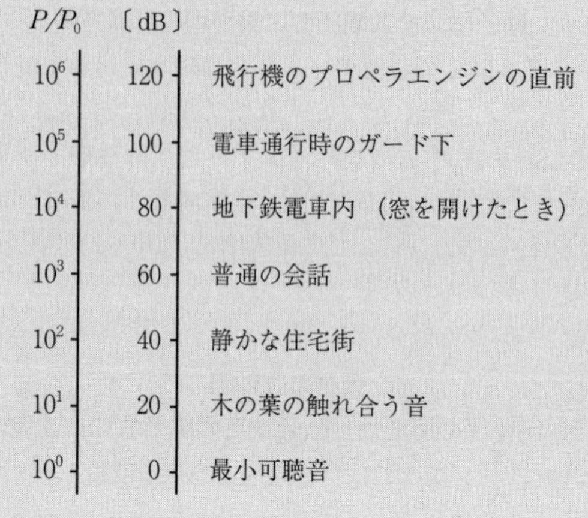

P/P0　〔dB〕
10^6　120　飛行機のプロペラエンジンの直前
10^5　100　電車通行時のガード下
10^4　80　地下鉄電車内（窓を開けたとき）
10^3　60　普通の会話
10^2　40　静かな住宅街
10^1　20　木の葉の触れ合う音
10^0　0　最小可聴音

Pは音圧，P_0は最小可聴音圧。音圧比P/P_0の二乗はエネルギー比になる

図4.4　人の相対的可聴音圧範囲

4.2　正負電圧の量子化

正負の電圧をA-D変換したいときも，同じA-D変換器で可能である。電圧－FS/2～＋FS/2に電圧FS/2を加えれば，A-D変換器への入力電圧は変換可能な0～FSの範囲になる。したがって**図4.5**のようにすればこの範囲の

ADC
b2
b1
b0
Vin
FS/2
GND

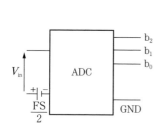

図4.5　正負の電圧をA-D変換する場合

digital output
111
110
101
100
011
010
001
000
−FS/2
−FS/4
0
FS/4
FS/2
Vin〔V〕

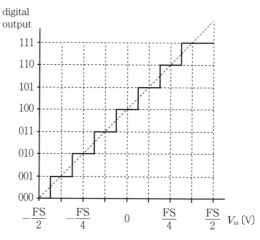

図4.6　正負の電圧を3ビットでA-D変換する場合の理想的伝達特性

正負の電圧がA-D変換可能となる。A-D変換器は基準電圧と呼ばれる電圧 $V_{ref}=FS/2$〔V〕の内蔵電源をもっている場合が多い。そのような場合，**図4.5**の電圧FS/2には，この基準電圧が使われる。

この方法で正負の電圧を3ビットでA-D変換する場合の理想的伝達特性を**図4.6**に示す。この3ビットA-D変換器の伝達特性を表にしてLSBの単位を用いて**表4.2**の中央行（オフセットバイナリ出力）に示す。$-4\,LSB \sim +4\,LSB$（$-FS/2 \sim +FS/2$）が，$000_b \sim 111_b$に変換される。$000_b \sim 111_b$は10進数$-4 \sim 3$に対応するオフセットバイナリである。

また，このA-D変換器の最上位ビットを反転させれば，10進数$-4 \sim 3$に対応する3ビットの2の補数2進数$100_b \sim 011_b$が得られる。**表4.2**の右端行を参照。この場合の正負の数値はそのままコンピュータで加減算に使える。

表4.2 正負入力電圧の3ビットA-D変換器の伝達特性

入力 ×LSB〔V〕	オフセットバイナリ出力	2の補数バイナリ出力
$-4.0 \sim -3.5$	000	100
$-3.5 \sim -2.5$	001	101
$-2.5 \sim -1.5$	010	110
$-1.5 \sim -0.5$	011	111
$-0.5 \sim 0.5$	100	000
$0.5 \sim 1.5$	101	001
$1.5 \sim 2.5$	110	010
$2.5 \sim 4.0$	111	011

● $1\,LSB = FS/8$〔V〕

4.3 標本化定理

標本化定理は，時間とともに変化するアナログ信号から標本をつくる場合の標本に関する定理である。これは標本化（量子化以前：自然数または整数に変換する前）に関する定理である。以下，数学を使わずに図で概念的に説明する。

時間とともに変化するアナログ信号は，ある間隔（標本間隔）で標本化されて標本系列がつくられる。アナログ信号の情報はこの標本系列で表される。このとき，信号変化の速さと標本間隔との関係が適切でないと，信号の情報を表すことができない。

例えば**図4.7**は，1カ所に黒丸の印を付けた円盤が暗室で周期Tで反時計方向に回転しているのを，標本間隔T_sで光フラッシュにより標本化している様

4. A-D 変換，D-A 変換

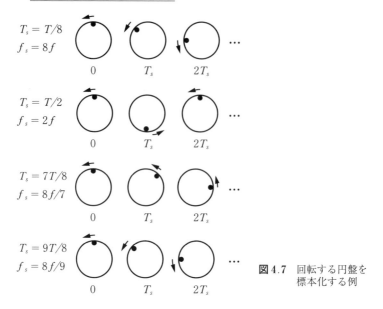

図 4.7 回転する円盤を標本化する例

子である。標本化周波数を $f_s (f_s = 1/T_s)$，回転周波数を $f (f = 1/T)$ とおくと，上から 1 段目は $T_s = T/8, (f_s = 8f)$，2 段目は $T_s = T/2, (f_s = 2f)$，3 段目は $T_s = 7T/8, (f_s = 8f/7)$，4 段目は $T_s = 9T/8, (f_s = 8f/9)$ である。

観測者には標本系列から，1 段目（最上段）は円盤の回転は反時計方向に見える。2 段目は黒丸印は上下運動しているように見え，回転方向はわからない。3 段目は，時計方向に回転しているように見える。4 段目は，1 段目（最上段）と区別がつかない。

このことより，標本化周波数 f_s を一定とし，反時計方向の回転周波数を正とおくと，図 4.8（a）に示すように，回転周波数が $f = f_s/2$ の回転は $-f_s/2$ と区別できない。そしてこれは $f_s/2 \pm nf_s$ $(n = 1, 2, 3, \cdots)$ と区別できないことになる。同様に，回転周波数 $f = 7f_s/8$ は $-f_s/8$ と区別できない。そしてこれは $7f_s/8 \pm nf_s$ $(n = 1, 2, 3, \cdots)$ と区別できないこととなり，また $f = 9f_s/8$ は $9f_s/8 \pm nf_s$ $(n = 1, 2, 3, \cdots)$ と区別できないこととなる。同様に，任意回転周波数 f の回転は $f \pm nf_s$ と区別できなくなる。

周波数が区別できないことによる誤差は，**エイリアシング誤差**（aliasing error）または**折返し誤差**と呼ばれる。

4.3 標本化定理　51

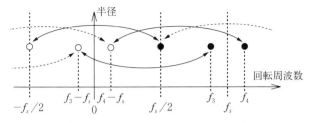

（$f-f_s$ の回転の標本と区別がつかない）

（a）回転周波数 $f > f_s/2$ の回転の標本の場合

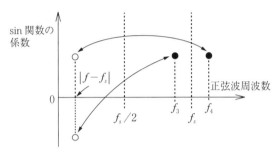

（b）周波数 $f > f_s/2$ の sin 関数の標本の場合

標本化周波数 f_s で標本化するとき信号周波数が $f_s/2$ 以上のとき

図 4.8 エイリアシング（または折返し）誤差の例

このことから回転周波数 f においては

$$|f| < \frac{1}{2} \times f_s$$

の関係が成立していれば周波数の区別がつかないということはなくなり，標本は回転方向と回転速度が分かるようにつくられることが分かる。この関係を**標本化定理**（サンプリング定理，sampling theorem）という。また，$f_s/2$ は**ナイキスト周波数**（Nyquist frequency）と呼ばれる。

正弦波（サイン関数またはコサイン関数で表される波）の標本化においても，同じことがいえる。例えば sin 関数を標本化する場合で説明する。**図 4.9**（a）は標本化周波数 f_s で周波数 $f = f_s/8$ の sin 関数を標本化している。簡単化のため，$T_s = 1/8$（$f_s = 8$）の場合で横軸の目盛は作ってある。図（b）と図（c）は同じ標本化周波数で周波数 $f = 7f_s/8, f = 9f_s/8$ の sin 関数を標本化している。

52　4. A-D 変換，D-A 変換

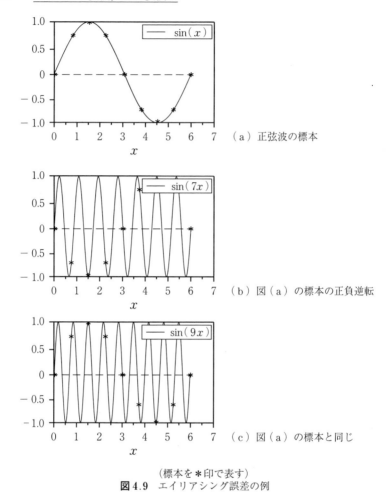

(a) 正弦波の標本

(b) 図(a)の標本の正負逆転

(c) 図(a)の標本と同じ

(標本を＊印で表す)
図 4.9　エイリアシング誤差の例

　図(b)の標本は，図(a)のサイン関数の係数を負にした関数の標本と区別できない。図(c)の標本は，図(a)のサイン関数の標本と区別できない。**図 4.8**(b) はこのことを表している。正弦波の周波数は正だけである。またcos 関数の標本化でも同じことが，ただし係数には変化なしで起こる（演習問題 (3) の(b)参照）。

　エイリアシング誤差は，$f_s/2$ 以上の周波数の信号を除去すれば除去できる。A-D 変換では，f_s が決まっている場合，エイリアシング誤差を避けるために $f_s/2$ 以上の周波数成分の信号はローパスフィルタで A-D 変換前に除去される。

このフィルタはアンチエイリアシングフィルタと呼ばれる（**図**4.1のローパスフィルタ参照）。

4.4 D-A 変換

3ビットD-A変換器の理想的伝達特性を**表**4.3に示す。V_{ref}〔V〕はD-A変換器で使われる基準電圧で，外部から与えられたりD-A変換器が内蔵している場合がある。

図4.10に，アナログ元信号電圧（実線）と，それから得られた標本のA-D変換結果（黒丸，量子化誤差は無視できるとした場合）と，この標本でD-A変換した信号（階段状の実線）と，それをアンチエイリアシングフィルタ）に通した結果（破線）を示している。標本が標本化定理を満たし，分解能が十分で量子化誤差が無視できるとき，理想的A-D変換器でつくられた標本から，同じ分解能の理想的なD-A変換器で出力し，理想的なアンチエイリアシングフィルタに通せば量子化誤差が無視できる程度の元信号が近似再現される。

表4.3 3ビットD-A変換器の理想的伝達特性

入力	出力 ×LSB〔V〕
000	0
001	1
010	2
011	3
100	4
101	5
110	6
111	7

●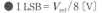

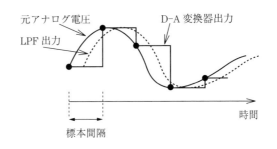

量子化誤差が無視でき，フィルタが理想的である場合

図4.10 D-A変換器出力をアンチエイリアシングフィルタに通し元電圧を得る

A-D変換，D-A変換，アンチエイリアシングフィルタ出力それぞれの実測例を**図**4.11に示している。図（a）は元信号，図（b）の○印はA-D変換の標本，図（c）はD-A変換出力信号，図（d）はD-A変換出力信号をアンチエイリアシングフィルタに通した結果，である。

54   4. A-D 変換, D-A 変換

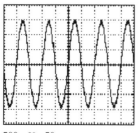

（a）周期 $T=100\,\mu s$ の正弦波電圧

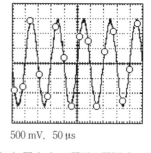

（b）図（a）の電圧の間隔 $\Delta t = 2.5\,T/8$ ごとの標本（○印）

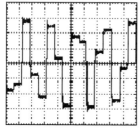

（c）図（b）の標本による D-A 変換出力の実測信号

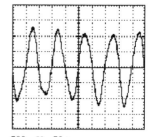

（d）図（c）D-A 変換出力をアンチエイリアシングフィルタに通した後の実測信号

図 4.11 実 測 例

　図（d）は元信号である図（a）を完全に復元できていない。そのおもな原因は実際のフィルタが理想的でないためである（おもに周波数 $f(f > f_s/2)$ の正弦波が完全に除去できていない）。この問題はサンプリング周波数を上げる**オーバサンプリング**（over sampling）と呼ばれる方法で克服可能になる。

　交流信号をオフセットバイナリーで量子化した標本列を D-A 変換器へ入力すると，FS/2 分だけ嵩上げした正電圧信号が得られる。この電圧信号は，コンデンサで直流分を除去すれば交流に戻すことができる。

　このようなわけで，オフセットバイナリでの量子化は便利である。ただしデータ加工をしたい場合は 2 の補数バイナリが便利なので，A-D 変換器，D-A 変換器は 2 の補数バイナリでも扱えるようになっている場合が多い。

4.5 アナログとディジタルの比較

1章から4章までいくつかのデータのディジタルコードについて説明してきたが，最後にここでアナログコードに対するディジタルコードの優れた点を述べる．

(1) 記録再生はノイズなしで行うことができないので，そのときアナログコードは必ず劣化する．一方ディジタルコードの記録再生は，それを2進コードで行うとき，ノイズがある大きさ以内に収まってさえいれば**劣化なし**で行うことができる．

例えば，アナログ画像の場合，記録再生のたびにノイズが加わり画像が劣化する．一方，ディジタル画像では，ノイズが加わっても信号が0, 1の認識可能範囲内であれば画像は劣化しない[†]．

(2) アナログデータの比較や加工を行うことは簡単ではないが，ディジタルデータでは**比較や加工を行うことが簡単**である．

例えば，書物の中のある文字を探す場合，アナログコードでは簡単ではないが，ディジタルでは同じディジタルコードを探すことになり，コンピュータを使うなら簡単である．また，繰返し電圧波形から1周期を求めたり，1周期での平均値などを近似的に求めたりするとき，アナログコードでは簡単ではないがディジタルコードでは簡単である．

(3) アナログでの計測や計算では有効数字の桁数に限度があるが，ディジタルの計算ではメモリ容量の許す限りいくらでも上げられる．演習問題(8)を参照．

4章の演習問題

(1) 音楽用CDの標本は標本化周波数44.1 kHz，分解能16ビットで作られる．
   (a) この標本化周波数と人の聴覚との関係を述べよ．

[†] ノイズが許容範囲を超えると0, 1に反転が起こるかもしれない．このときの障害はアナログのノイズでの障害どころではない．

(b) この A-D 変換における階調（入力を分解して区別できる個数）はいくらか。
(c) 最大振幅 2V まで標本化されているとき A-D 変換器の量子化誤差の大きさの最大値を四捨五入で 2 桁にして μV の単位で答えよ。

(2) DVD オーディオは DVD に音を記録するための技術仕様である。最高音質では，サンプリング周波数 192 kHz，量子化 24 bit（分解能 24 bit）で，2 チャンネルのステレオ信号を記録できる。
(a) この音質で 2 チャンネルステレオ信号を 60 分間記録するとき必要な記録容量を切り上げで 3 桁にしてバイトの単位で答えよ。
(b) この方式でつくられた標本の再生できる周波数範囲を答えよ。

(3) 標本化周波数を f_s とおく。以下で，n 番目の標本の t は n/f_s であることを用いよ。
(a) 周波数 $7f_s/8$ の sin 関数 $\sin 2\pi(7f_s/8)t$ の $t=0$ からの標本は，周波数 $f_s/8$ の sin 関数に負符号を付けた関数 $-\sin 2\pi(f_s/8)t$ の標本と同じになることを示せ。
(b) 周波数 $7f_s/8$ の cos 関数 $\cos 2\pi(7f_s/8)t$ の $t=0$ からの標本は，周波数 $f_s/8$ の cos 関数 $\cos 2\pi(f_s/8)t$ の標本と同じになることを示せ。

(4) オーバサンプリングについて調べよ。

(5) アナログで行うよりディジタルで行う方がよい，といわれるのはどのような点か。またその逆に，ディジタルで行うよりアナログで行う方がよい，といわれるのはどのような点か。

(6) アナログ信号にノイズが混入しているとき，その信号の A-D 変換出力が n ビットでも分解能は n ビットより下がるわけを述べよ。

(7) A-D 変換するとき，元信号に対する標本系列の忠実度を上げるには何が必要か検討せよ。

(8) π の値を求めるとき，直径 1 m の円の円周を巻き尺で測量すればよい。数値計算では，$\pi = 4 \times \arctan(1)$ のマクローリン展開などが有名である。これらのそれぞれの方法での π の有効数字の桁数は何で決まるか。

5 基本論理回路

「論理（logic）」とは判断する方法のことである。この方法で判断を行うことを論理演算という。論理演算は3つの基本論理：**AND**（論理積とも呼ぶ），**OR**（論理和とも呼ぶ），**NOT**（論理否定とも呼ぶ）のどれか，またはそれらの組合せで行われる。

論理，算術，記憶それぞれの多様な回路が半導体で **IC**（integrated circuit：集積回路）化されている。

本章では，おもに論理の基本回路を回路記号を使って概説する。

5.1 AND, OR, NOT

論理の基本は論理積，論理和，論理否定である。論理回路の動作を表す論理式において，それぞれの演算子は AND, OR, NOT と呼ばれる。すべての論理はこれらの組合せで行われる（じつは NAND あるいは NOR と呼ばれる論理でこれらすべてを構成できる）。

判断条件と判断結果には2種類の状態がある。2種類の状態とは，例えば，判断条件としては空腹であるかないかの2種類，また判断結果としては食事をしにレストランへ行くか行かないかの2種類，などの状態のことである。この2種類の状態は **True**（真）と **False**（偽）で呼ばれ，それぞれ数1, 0や電圧の**ハイレベル**，**ローレベル**でコード化される。1, 0は論理値と呼ばれる。電圧ハイレベル，ローレベルは記号H, Lで表される。

2種類の状態の任意のどちらかを表すものの名称は**論理変数**と呼ばれる。例えば，空腹であるなしを *Hungry* で表すとき，*Hungry* は空腹であるなしを表す論理変数で，空腹であることは *Hungry* = True，空腹でないことは *Hungry* = False と表される。また，True, False の代りに1, 0やH, Lも使われる。

AND

「空腹であり」，しかも（AND）「金がある」，なら「レストランで食事をす

る」，というように AND をもつ論理は，**論理積**（logical conjunction）（簡単化して AND 論理）と呼ばれる。

この例の論理の**論理式**は，AND 演算子"AND"と，空腹であるかないかを表す論理変数"*Hungry*"，金の有り無しを表す論理変数"*Money*"，レストランで食事をするかしないかを表す論理変数"*Restaurant*"を使うと

　　　Restaurant = *Hungry* AND *Money*

で表すことができる。あるいはこの論理式は，演算子"AND"の代りに"・"を使って

　　　Restaurant = *Hungry* ・ *Money*

でも表される。また AND 演算子には"AND"，"・"のほかに"∩"も使われる。各変数は，空腹であれば *Hungry* = True，そうでなければ *Hungry* = False，金が有れば *Money* = True，無ければ *Money* = False，食事をするのであれば *Restaurant* = True，食事をしないのであれば *Restaurant* = False，で表される。

この論理式は，*Hungry* AND *Money* = True（*Hungry* AND *Money* が True，つまり *Hungry* = True でしかも *Money* = True）なら *Restaurant* = True となり，*Hungry* AND *Money* = False（*Hungry* AND *Money* が False，つまり *Hungry*，*Money* のどちらか False）なら，*Restaurant* = False となる，ことを意味する。

図 5.1 は**ベン図**（Venn diagram）で，図（a）のアミ部分 $H \cap M = 1$ は，H：*Hungry* = True でしかも M：*Money* = True である領域 $H \cap M$ = True を示している。

AND 論理を，True を 1，False を 0 で表し，判断条件を入力，判断結果を出力

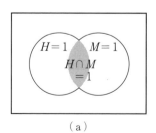
（a）

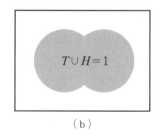
（b）

図（a）中央のアミ部分は *Hungry* でありしかも *Money* もある，という部分。図（b）アミ部分は，*Tired* または *Hungry* のどちらかである，という部分

図 5.1　ベ　ン　図

5.1 AND, OR, NOT

表 5.1 AND 論理の真理値表

入力		出力
Hungry	Money	Restaurant
0	0	0
1	0	0
0	1	0
1	1	1

● *Restaurant* = *Hungry* · *Money*

表 5.2 AND 論理回路の関数表

入力		出力
A	B	Q
L	L	L
H	L	L
L	H	L
H	H	H

● $Q = A \cdot B$

とする関数として**表 5.1** に示している。このような論理の入出力関係の表（関数表）を**真理値表**（truth table）という。また，AND 論理回路の入出力関係を，電圧のハイレベル H，ローレベル L を使って**表 5.2** に示す。AND 論理回路記号は**図 5.2**（a）である。基本論理回路の入力は 2 つである。それ以上の入力の論理回路は 2 入力論理回路で構成できる（**図 5.3**）。

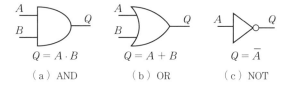

(a) AND　　$Q = A \cdot B$
(b) OR　　$Q = A + B$
(c) NOT　　$Q = \overline{A}$

図 5.2 基本論理回路記号

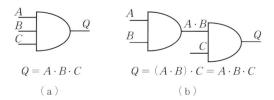

(a) $Q = A \cdot B \cdot C$
(b) $Q = (A \cdot B) \cdot C = A \cdot B \cdot C$

図 5.3 3 入力 AND は 2 入力 AND で構成できる

OR

「疲れている」か，あるいは（OR）「空腹であるか」，このどちらかであるとき「イライラしやすい」，というように OR を使って表される論理は**論理和**（logical disjunction）（簡単化して OR 論理）と呼ばれる。空腹であるなしを論理変数 "*Hungry*"，疲れているかどうかを論理変数 "*Tired*"，イライラしやすいかどうかを論理変数 "*Irritable*" で表すとき，この論理の論理式は，OR 演算子 "OR" を使って

Irritable = *Tired* OR *Hungry*

で表すことができる。この論理式は，*Tired* OR *Hungry* が True のとき *Irritable*

= True となり，Tired OR Hungry が False のとき Irritable = False となること
を意味する。あるいは，演算子"OR"の代りに"+"を使って

　　　Restaurant = Hungry + Money

でも表すことができる。また OR 演算子には"OR"，"+"の他に"∪"も使
われる。

図 5.1（b）のアミ部分 $T \cup H = 1$ は，$T: Tired$ = True か $H: Hungry$ = True
かどちらかである領域 $T \cup H$ = True を示すベン図である。

OR 論理の真理値表を**表**5.3 に示す。OR 論理回路の関数表を**表**5.4 に示す。
またこの論理回路の記号を**図**5.2（b）に示す。

表 5.3　OR 論理の真理値表

入力		出力
Hungry	Tired	Irritable
0	0	0
1	0	1
0	1	1
1	1	1

● Irritable = Hungry + Tired

表 5.4　OR 論理回路の関数表

入力		出力
A	B	Q
L	L	L
H	L	H
L	H	H
H	H	H

● $Q = A + B$

これらの入力は 2 つの場合であるが，それ以上の場合もある。

NOT

入力の否定を出力する論理が**論理否定**（logical negation）（簡単化して NOT
論理）である。NOT 論理の回路記号を**図** 5.2（c）に，真理値表を**表** 5.5 に示

表 5.5　NOT の真理値表

入力	出力
A	Q
1	0
0	1

● $Q = \overline{A}$

す。入力 A = True のとき出力 Y = False，また A =
False のとき Y = True となる。この論理式は演算子
NOT を使って

　　$Y = NOT\ A$，または，$Y = \overline{A}$

で表される。

EXOR（XOR とも書かれる）

排他的論理和（exclusive[†] disjunction）または排他的 OR（exclusive OR）は，
本書内の加算回路やコンピュータの命令でも出会うように，AND，OR，NOT

---

†　(1)排他的な，(2)独占的な，(3)他に同じものがない，(4)特権的な。ここでは(3)の意味。

同様よく利用されるのでここで触れておく。演算子には EXOR, XOR または ⊕ などが使われる。

排他的 OR の真理値表を**表**5.6 に示す。回路記号を**図**5.4（a）に示す。これは基本的論理回路で構成でき，図（b）にその構成例を示す（AND の出力の ○ は AND 出力の反転を意味する。この回路記号は NAND と呼ばれる）。

表5.6　EXOR の真理値表

入力		出力
A	B	Q
0	0	0
1	0	1
0	1	1
1	1	0

● $Q = A \oplus B$

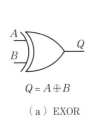
（a）EXOR

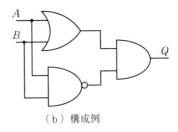
（b）構成例

図5.4　exclusive OR

EXOR は 2 入力が一致するとき 0 を出力する。この性質は 2 つのデータが一致するかどうかを調べるときに使うことができる。また，片方の入力をローレベルにすると単なるドライバとなり，片方をハイレベルにするとインバータとなることが分かる。

EXOR の論理式は，≡ を恒等式の意味で使うとすると

$$Q = A \oplus B \equiv A \cdot \overline{B} + \overline{A} \cdot B$$

または

$$\equiv (A+B) \cdot (\overline{A}+\overline{B}) \equiv (A+B) \cdot \overline{(A \cdot B)}$$

と表される。**図**5.4（b）の回路は最後の論理式に相当している。

GATE

AND, OR 回路は**ゲート**（gate）回路とも呼ばれる。それは，AND の場合では**表**5.7 に示すように，G 入力を 0 にすると出力は常に 0 になり（閉門），G を 1 にすると出力は入力になり（開門），また，OR の場合では**表**5.8 に示す

表5.7 ANDゲート

入力		出力	
A	G	Q	
0	1	0	$Q=A$
1	1	1	
0/1	0	0	$Q=0$

● $Q = A \cdot G$

表5.8 ORゲート

入力		出力	
A	$\overline{G}$	Q	
0	0	0	$Q=A$
1	0	1	
0/1	1	1	$Q=1$

● $Q = A + \overline{G}$

ように，$\overline{G}$ 入力を1にすると出力は常に1になり（閉門），$\overline{G}$ を0にすると出力は入力（開門）になるからである。

5.2 正論理，負論理

(1)「空腹であるか」，そして（AND）「金をもっているか」，この両方が満たされているなら「レストランで食事をする」，というAND論理は，

(2)「空腹でないか」，あるいは（OR）「金が無いか」，どちらかなら「レストランで食事をしない」，というOR論理になる（証明は以下）。

(1) では，「入力の真が肯定文」で表され，「出力の真も肯定文」で表されている。このような論理は**正論理**と呼ばれる。一方 (2) では，「入力の真が否定文」で表され，「出力の真も否定文」で表されている。このような論理は**負論理**と呼ばれる。

「空腹であるかどうか」を変数 H で表すとき，「空腹でないかどうか」を表す負論理用の変数には $\overline{H}$（$\overline{H} \equiv \text{NOT } H$）が使われる。

● 正論理で AND は負論理では OR

（証明）

図5.5（a）は $H \cap M$ の負論理 $\overline{H \cap M}$ のベン図である。$\overline{H \cap M}$ は $\overline{H} \cup \overline{M}$ になっていることが分かる。（証明終り）

表5.9 はAND論理真理値**表**5.1の入出力すべての論理値を反転したものである。上の証明はまたこの表からもできる。この真理値表はOR論理：

$$\overline{R} = \overline{H} + \overline{M}$$

の真理値表になっている。これから，$R = H \cdot M$ なので

$$\overline{H \cdot M} \equiv \overline{H} + \overline{M}$$

が成立することが分かる。

これらより，$\overline{H}=1$（空腹でない）であれば，または（OR），$\overline{M}=1$（金がない）であれば $\overline{R}=1$（レストランで食事しない）である，という

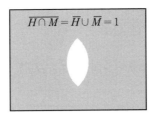
（a）アミ部分は *Hungry* でない，あるいは *Money* がないのどちらか，という部分

（b）アミ部分は *Tired* でない，しかも *Hungry* でもない，という部分

図 5.5 負論理でのベン図

負論理 OR の論理になることが分かる。

AND の入出力すべての論理を反転したものは**図 5.6**（a）の回路になる。この回路の AND の入力は，$\overline{\overline{H}}\equiv H$，$\overline{\overline{M}}\equiv M$ なので，出力 $\overline{R}$ は，NOT $(\overline{\overline{H}}\cdot\overline{\overline{M}})$ となる。つまり

$$\overline{R}=\overline{H\cdot M}$$

となる。**図 5.6**（a）の回路図を基にしてつくられたのが，図（b）で，これは **AND の**

表 5.9 AND 論理真理値表の入出力すべてを反転

入力		出力
$\overline{H}$	$\overline{M}$	$\overline{R}$
1	1	1
0	1	1
1	0	1
0	0	0

● $\overline{R}=\overline{H}+\overline{M}$　正論理で AND の負論理は OR

負論理回路記号で，入力は反転してから AND へ入力され，AND 出力は反転してから出力されることを表している。これはまた，$\overline{H}$ も，また（AND）$\overline{M}$ もどちらもローレベルのとき，出力 $\overline{R}$ はローレベルになる，という意味を表している。

図 5.6（c）は，$\overline{R}=\overline{H}+\overline{M}$ を表す論理回路（負論理での OR）である。こ

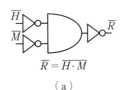

（a） $\overline{R}=\overline{H\cdot M}$

（b） $\overline{R}=\overline{H\cdot M}=\overline{H}+\overline{M}$

（c） $\overline{R}=\overline{H}+\overline{M}$

図 5.6 図（a）は AND の入出力を反転した回路。図（b）は AND の負論理回路記号。これらは，図（c）のように入出力を負論理で表現したときの OR（負論理 OR）になる

れら3つの回路記号は同じ論理を表す。

● 正論理で OR は負論理では AND

（証明）

図 5.5（b）は $H \cup T$ の負論理のベン図である。$\overline{H \cup T}$ は $\overline{H} \cap \overline{M}$ になっていることが分かる。（証明終り）

このことは，OR 論理（$I = H + T$）の論理真理値**表 5.3** で，入出力すべてを論理反転すると**表 5.10** になることからも分かる。この表は AND 論理：

$$\overline{I} = \overline{H} \cdot \overline{T}$$

の真理値表になっている。$I = H + T$ なので

$$\overline{H + T} = \overline{H} \cdot \overline{T}$$

となることが分かる。

表 5.10 OR 論理真理値表の入出力すべてを反転

入力		出力
$\overline{H}$	$\overline{T}$	$\overline{I}$
1	1	1
0	1	0
1	0	0
0	0	0

● $\overline{I} = \overline{H} \cdot \overline{T}$　正論理で OR の負論理は AND

図 5.7（a）は OR 論理回路の入出力すべてを論理反転した回路である。これは図（b）の元になっている。また図（b）は OR の負論理回路記号で，入力は反転してから OR へ入力され，OR 出力は反転してから出力されることを表している。これはまた，入力 $\overline{T}$ か（OR）あるいは $\overline{H}$ のどちらかがローレベルのとき，出力はローレベルになる，という意味を表している。

図 5.7（c）は

$$\overline{I} = \overline{T} \cdot \overline{H}$$

を表す論理記号でこの論理は，疲れていない，そして（AND）空腹でもないならイライラしにくい，となる。**図 5.7** の3つの回路記号は同じ論理を表す。

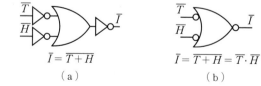

図 5.7　図（a）は OR の入出力を反転した回路。図（b）は OR の負論理回路記号。これらは図（c）のような負論理入出力を用いた AND 回路になる。

5.2 正論理，負論理

● 正負論理混在回路

論理は正論理，負論理が混在して行われる場合がある。**図5.8**（a）はANDの出力が負論理になった場合の回路記号で，この論理はNAND（Not AND）と呼ばれ，図（b）はORの出力が負論理になった場合の回路記号で，この論理はNOR（Not OR）と呼ばれる。

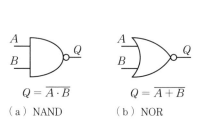

図5.8 NAND，NOR

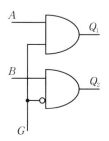

図5.9 正論理，負論理混在回路例

NANDまたはNORを基にしてAND，OR，NOTを構成することができる。つまり，すべての論理回路はNANDまたはNORを基にして構成できることになる（6章末の演習問題（2）参照）。

図5.9は入力の一部が負論理である場合の例（セレクタ（マルチプレクサ）の前段）である。Gと入出力の関係を**表5.11**に示す。

表5.11 図5.9のGと入出力の関係

制御	出力	
G	Q_1	Q_2
1	A	0
0	0	B

● 論理の性質

（以下では≡を恒等式の意味で使っている）

(A) 論理和の交換関係

(1) $A+B \equiv B+A$　　(2) $(A+B)+C \equiv A+(B+C)$

(3) $A+A \equiv A$

(B) 論理積の交換関係

(1) $A \cdot B \equiv B \cdot A$　　(2) $(A \cdot B) \cdot C \equiv A \cdot (B \cdot C)$

(3) $A \cdot A \equiv A$

(C) 分配関係

(1) $(A+B)\cdot C \equiv A\cdot C + B\cdot C$ (2) $(A+B)\cdot A \equiv A$
(3) $A\cdot B + C \equiv (A+C)\cdot(B+C)$

(D) ゼロと1の性質
(1) $A+0 \equiv A$ (2) $A\cdot 1 \equiv A$
(3) $A+1 \equiv 1$ (4) $A\cdot 0 \equiv 0$

(E) 反転の性質
(1) $\overline{\overline{A}} \equiv A$ (2) $\overline{1} \equiv 0$ (3) $\overline{0} \equiv 1$ (4) $\overline{A}+A \equiv 1$
(5) $\overline{A}\cdot A \equiv 0$ (6) $\overline{A+B} \equiv \overline{A}\cdot\overline{B}$ (7) $\overline{A\cdot B} \equiv \overline{A}+\overline{B}$

5.3 論理回路の入出力回路と信号

(1) CMOS 入出力回路

基本的な論理回路は IC として入手できる。ディジタル IC には，電流駆動型トランジスタを使った TTL (transistor transistor logic) 型と，相補的な2つの電圧駆動型トランジスタを使った CMOS (complementary metal oxide semi-conductor) 型がある。現在の主流は後者である。それは，電圧駆動型は電流駆動型ほど入力電流を必要としないからである。

図 5.10 に CMOS 型 NOT 回路を示す。図中 GND は GROUND の略で基準電位を表し，また V_{DD} は GND に対し正電位を表す。G（ゲート），S（ソース），D（ドレーン）は MOSFET (MOS field effect transistor) の3端子である。図 (a) は，S，D はスイッチ両端，G はこのスイッチの制御入力に相当することを示している。MOSFET は p 形，n 形の2種類ある。p 形では正孔が流れることで電流が流れ，G 電位が S に対して下がるほどこの電流は増す。n 形では

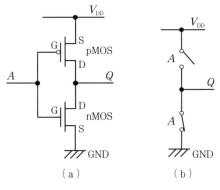

A は相補性電圧駆動型入力。図 (b) は入力がハイレベルの場合の出力等価回路

図 5.10 CMOS 型 NOT 回路

電子が流れることで逆方向に電流が流れ，G 電位が S に対して上がるほどこの電流は増す。

図 5.10 の A 電位が GND に対してある値以上（ハイレベル）（69 頁の**表** 5.12 参照）に上がるとトランジスタのスイッチングは図 (b) のようになり，A 電位が GND に対してある値以下（ローレベル）に下がると逆になる。

図 5.11 は CMOS 型 NAND 回路である。図 (b) は入力がどちらもハイレベルの場合である。

図 5.12 は CMOS 型 NOR 回路である。右図は入力がどちらもローレベルの場合である。

論理回路出力には，「ハイ (H) レベル」と「ロー (L) レベル」しか出力できないものと，もう一つの出力状態：「遮断」の 3 つの状態を出力できるものとがある。この 3 つの出力を「3-state (**tri-state**) 出力」[†]という。**図** 5.13 は CMOS 型 3-state 出力が遮断状態であることを表している。2 つのゲートは独立に制御され，G_1 が H で G_2 が L の場合，出力は遮断

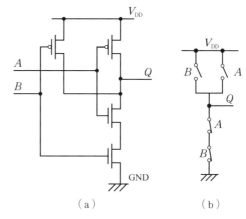

図 (b) は入力 A, B ともにハイレベルの場合の出力等価回路

図 5.11　CMOS 型 NAND 回路

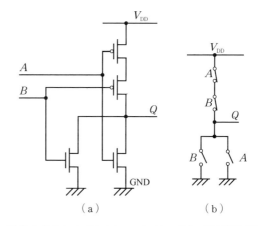

図 (b) は入力 A, B ともにローレベルの場合の出力等価回路

図 5.12　CMOS 型 NOR 回路

---

† three state (tri-state) output, three state (tri-state) logic

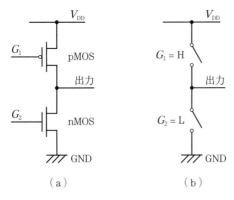

(a)　　　　　　　(b)

それぞれのゲートは独立して制御される。図（b）は出力遮断状態の CMOS トランジスタ出力等価回路

図 5.13　3-state CMOS トランジスタ出力回路

になる（図（b））。

図 5.14（a）は 3-state 出力のドライバと呼ばれる回路記号である。E（enable）は制御信号で，E がハイレベルのとき入力が出力され，ローレベルのときは出力回路は遮断される。

H または L レベルしか出せない出力は入力にしかつなぐことはできず，この出力同士はたがいにつなぐことができない。

3-state 出力は，複数出力をたがいにつないでその中の 1 つを入力につなぐような場合に用いられる（**図 5.15**（a））。また 3-state 出力は，トランシーバと呼ばれる回路（**図 5.15**（b））でも使われている。図中 E, D（direction）は制御信号で，E がローレベルのときは A, B 間は遮断で，E, D がハイレベルのときは A から B へ信号を伝え，E がハイレベル，D がローレベルのときは B から A へ信号を伝える。

図 5.14　3-state ドライバ

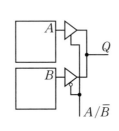

（a）2 出力から 1 つを出力する例

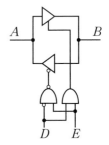

（b）双方向性信号線のトランシーバ例

図 5.15　3-state ドライバ利用例

（2）　信号電圧レベル

CMOS 型の論理回路の入出力信号ハイレベル，ローレベルの電圧範囲の「代

5.3 論理回路の入出力回路と信号

表的な値」が**表5.12**に示すように定められている。TTL型の場合も要注意のため示す。

入力電圧範囲は，ハイレベル，ローレベルを認識できることを保証する範囲である。この範囲外は論理回路がどのように認識するかは保証されない。

表5.12 CMOS型論理回路の代表的入出力信号

	ハイレベル〔V〕	ローレベル〔V〕
CMOS 入力	$\geq 0.7V_{DD}$	$\leq 0.2V_{DD}$
CMOS 出力	$\geq V_{DD}-0.8$	≤ 0.4
TTL 入力	≥ 2	≤ 0.8
TTL 出力	≥ 2.4	≤ 0.4

●入力の値は，ハイレベル，ローレベルを認識できることを保証する値。出力の値は，ある負荷電流を流すときの保証値。（CMOSの出典：http://ja.wikipedia.org/wiki/CMOS）

例えばCMOS論理回路では，電力供給用の電源電圧をV_{DD}〔V〕とするとき，入力電圧$0.7V_{DD}$〔V〕以上をHレベルとして，また$0.2V_{DD}$〔V〕以下をLレベルとして認識できる。この範囲外：$0.2V_{DD}$〔V〕を超えて$0.7V_{DD}$〔V〕未満の範囲の電圧入力に対しては，どちらのレベルとして認識するかは保証されない。

出力電圧Hレベル範囲は，ある決まった大きさ以下の負荷電流を負荷向きに流れ出すことができる出力電圧範囲のことである。また出力電圧Lレベル範囲は，ある決まった大きさ以下の負荷電流を負荷側から回路出力側に吸い込むことができる電圧範囲のことである。これら決まった負荷電流を超える場合，出力レベルは保証されない。

例えばCMOS論理回路では，ある決まった大きさ以下の負荷電流が負荷向きに流れ出ている場合，Hレベルとして$V_{DD}-0.8$V以上を，またある決まった大きさ以下の負荷電流を負荷側から回路出力側が吸い込む場合，Lレベルとして0.4V以下を出力できる。これら決まった負荷電流を超える場合は，CMOS論理回路出力はそれぞれの出力レベルが保証されない。

論理ICの入出力レベルは，CMOS型とTTL型によって仕様が異なるので，用いるときには注意が必要である。開発時期がTTL型よりCMOS型が遅かったため，CMOS型にはTTL型入出力レベルに合わせて入出力レベルが規定されているものもある。

表5.12に示すように，出力電圧のHレベル，Lレベルの範囲は，入力のこれらの電圧範囲より狭く設定されている。それは，出力電圧に少々のノイズが

加わって入力電圧となってもHレベル，Lレベルが認識できるようにするためである。許容ノイズの大きさを**ノイズマージン**（noise margin，ノイズ余裕）と呼ぶ。

特にノイズ対策用としては，入力電圧対出力電圧の関係がヒステリシス特性をもつシュミットトリガー方式の入力もある。ノイズを許容範囲内に収めさえすればディジタル信号は劣化しないという特徴は，情報の通信や処理において非常に重要である。

(3) 信号の遅延

MOS型トランジスタの入力は絶縁体であるので，入力回路はコンデンサに等価である。この容量は10 pF程度である。入力をハイレベルにするときにはこのコンデンサを充電する必要があり，ローレベルにするときにはこの電荷を放電する必要がある。

CMOS型トランジスタの出力回路のHレベル，Lレベル出力のスイッチング時の過渡状態における等価回路を**図**5.16（a）（b）に示す。RはMOS型トランジスタ導通時の抵抗，Cは負荷としてつながっている次段のMOS型トランジスタ入力のコンデンサ容量，回路線路のインダクタンスは小さいとして無視する，とする。このとき，コンデンサに印加される電圧V_C，充電電流I_Cは，ⓐ 充電時，ⓑ 放電時

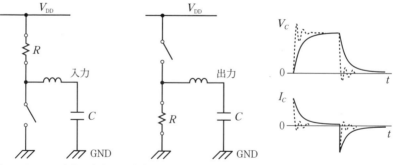

(a) ハイレベル出力で負荷のコンデンサを充電　(b) ローレベル出力で負荷のコンデンサを放電（スイッチ回路にも少し抵抗がある）　(c) コンデンサ負荷両端での電圧波形V_Cと充電電流波形I_Cの概念図

図5.16　CMOS型トランジスタ出力等価回路

ⓐ $\begin{cases} V_C = V_{DD}\left(1 - e^{-\frac{t}{RC}}\right) \\ I_C = \dfrac{V_{DD}}{R} e^{-\frac{t}{RC}} \end{cases}$

ⓑ $\begin{cases} V_C = V_{DD}\, e^{-\frac{t}{RC}} \\ I_C = -\dfrac{V_{DD}}{R} e^{-\frac{t}{RC}} \end{cases}$

となる (**図 5.16**(c) 実線参照)。RC の値は RC 回路の時定数と呼ばれるもので，およその充電時間，放電時間を決める。

高速 CMOS では充放電のとき，信号が確定する (H レベルなら V_{DD} の 90％，L レベルなら V_{DD} の 10％になる) までに約 2 ns の遅延が生じる。これらは**立上り時間** (rise time)，**立下り時間** (fall time) と呼ばれている。このため信号が回路を伝達するのにも時間がかかる。この時間は**伝搬遅延時間** (propagation delay) と呼ばれている (**表 5.13**)。この時間が短いほど論理，算術，記憶の高速動作が可能である。

表 5.13 高速 CMOS NAND (TC74VCX00FK) の伝搬遅延時間

V_{DD} [V]	測定条件：以下の CL, RL の並列回路を (一端を GND につないで) 負荷とする	最小 [ns]	最大 [ns]
1.5	$CL = 15$ pF, $RL = 2$ kΩ	1.0	14.8
1.8	$CL = 30$ pF, $RL = 500$ Ω	1.5	7.4
3.3	$CL = 30$ pF, $RL = 500$ Ω	0.6	2.8

● 2014 年での最高速 CMOS グループの特性の一部 (出典：TOSHIBA CMOS Digital Integrated Circuit Silicon Monolithic TC74VCX00FT/FK 2007-10-19)

本書では TTL 型回路説明を省略しているが，電流駆動型の TTL 型の方が電圧駆動型の CMOS 型よりも高速スイッチングに向いている。それは，TTL 型の入力回路の電流駆動では，入力インピーダンスが低く，入力のコンデンサ容量の影響は無視できるからである。

信号線路には，抵抗，インダクタンス，浮遊容量が多少ある。浮遊容量は論理回路入力の容量に加算される。抵抗は充放電電流を制限する。またインダク

タンスは電流変化を制限するのでスイッチングでの電流変化の遅れをつくるだけでなく容量性負荷と共振回路をつくるので，信号に振動をもたらす可能性もある．振動するときの信号電圧は**図 5.16**（c）の破線のような波形になる．信号確定にかかる時間は，信号線路の抵抗，インダクタンス，論理回路入力の容量＋浮遊容量，それぞれが大きいほど長くなることが分かる．

（4） **ノイズ**（noise）

上述の信号線に生じる電圧波形の振動は，信号にとってノイズとなる．振動が大きいと誤動作の可能性があるので，これを除去するため回路に直列に小さい値の抵抗（エネルギー吸収用，ダンピング抵抗）を挿入する場合もある．そのとき，この抵抗によっても充放電電流が制限されるので，いっそう充放電時間がかかるようになる．

IC 内のトランジスタのスイッチング（ON または OFF）はほとんどのトランジスタでほぼ同時に起こり，そのときパルス状の大電流（といっても 1 個当たり数 mA 程度）が流れる．電源ラインにはインピーダンスがあるため，このパルス状電流で IC 付近の電源ライン（＋，－両方）に電圧変動が起こる．この電圧変動分も論理回路にとってはノイズとなる．このためディジタル回路の方がアナログ回路よりノイズが出やすい．

この電源ラインの電圧変動を抑えるために，電源ライン V_{DD}，GND どちらもなるべく太く，負荷までの長さはなるべく短くされる．また，IC 近傍の電源ラインに充電応答，放電応答のよいコンデンサをつなぎ，瞬間的な電流はここから IC に供給するようにする．

これらノイズは論理回路を誤動作させるかもしれない．また，信号そのものも，外部に漏れるとノイズとなる．論理回路はノイズに対してアナログ回路より強いが，もしノイズで誤動作すればその影響はアナログ回路より大きく，大事故を引き起こすこともある．

電気機器，電子機器は，ノイズの影響を受けないように，また，ノイズを外部に出さないように設計されなければならない．この 2 つの性質を備えていることを EMC（electro-magnetic compatibility，**電磁環境共存性**または**電磁環境適合性**）といい，EMC の世界標準規格が作成されている．

(5) 発　熱 (heating)

　TTL-IC 内のトランジスタは導通時，常に電流が流れているので損失も大きく発熱も大きい。一方，CMOS-IC 内のトランジスタは**図 5.16**（c）にも示したように，スイッチングでコンデンサを充電または放電するときだけ電流が流れ，そのときに回路の各要素で損失が生じ熱となる。この損失は以下に説明するように周波数に比例する。

　コンデンサ容量を C，電源電圧を V_{DD} とすると，充電時，1 回の充電電荷はほぼ CV_{DD}，電源からの供給エネルギーはほぼ CV^2_{DD}，充電エネルギーは供給エネルギーの半分でほぼ $(1/2)CV^2_{DD}$ となり，後の半分は回路のエネルギー損失で失われる。放電時は放電電荷がほぼ CV_{DD}，放電エネルギーはほぼ $(1/2)CV^2_{DD}$ となり，結局，損失は電源からの供給エネルギー CV^2_{DD} に一致する。パルスが 1 秒間に f 回あるなら，充電電流は平均してほぼ fCV_{DD}，電源からの供給電力はほぼ fCV^2_{DD}，損失電力もほぼ fCV^2_{DD} となる。

　CMOS ではトランジスタ当たりの発熱は小さいが，高集積化とパルスの高速化で IC が発熱する。IC の動作の保証はある温度範囲内であり，その範囲外の温度では動作保証はない。

　このように高速パルスでは，発熱と，信号波形の立上り立下り時の電圧レベルとに注意が必要になる。

6 加算, 記憶, その他の代表的回路

6.1 加算回路

図 6.1 (a) は，論理回路 EXOR と AND で構成された 2 進数 1 桁の**加算回路**で，**半加算器**（half adder）と呼ばれるものである。その真理値表を**表 6.1**に示す。2 進数 1 桁の加算 $x+y$ に桁上り（繰上り）：**キャリー**（**carry**）が生じるとき，C は 1 になることが分かる。

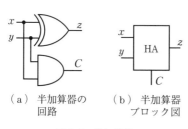

(a) 半加算器の回路　　(b) 半加算器ブロック図

図 6.1　半加算器

表 6.1　half adder 真理値表

入力		出力：$x+y$	
x	y	C	z
0	0	0	0
0	1	0	1
1	0	0	1
1	1	1	0

半加算器を**図 6.1 (b)** のブロック図で表すことにし，これを 2 個で**図 6.2 (a)** のように構成すれば，下の桁からの桁上りも考慮した加算器：**全加算器**（full adder）が構成できる。その真理値表を**表 6.2**に示す。2 つの半加算器 HA_1 と HA_2 の両方に桁上りが生じることはないので，これらの半加算器からの桁上りは OR で取り出されている。

この全加算器を例えば**図 6.2 (b)** のように構成すれば，3 ビット長の加算 $x_2x_1x_0 + y_2y_1y_0$ の結果が $z_2z_1z_0$ に出力できることが分かる。C_3 は 4 桁目への桁上りである。

$x-y$ の減算回路の場合には，x に y の負数（y の 2 の補数）を加算すればよい。例えば，3 ビット長の減算 $x_2x_1x_0 - y_2y_1y_0$ は $x_2x_1x_0$ に $y_2y_1y_0$ の 2 の補数を加えればよい（ただしこの場合の結果で，$C_3 = 0$ は 4 桁目からの借りがあるこ

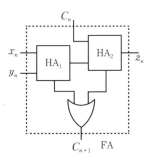
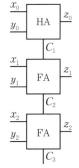

表 6.2　full adder 真理値表

入力			出力：$x+y$	
C_n	x_n	y_n	C_{n+1}	z_n
0	0	0/1	0	0/1
1	0	0/1	0/1	1/0
1	1	0/1	1	0/1

（a）全加算器(FA)構成図　　（b）2進数3桁加算器構成図

図 6.2　加算器の構成

とを，$C_3 = 1$ は 4 桁目からの借りがないことを意味する）。

6.2　記　憶　回　路

前節までの論理回路は，入力に対して（10 ns 程度の遅れがあるが）1 対 1 で出力が決まる。このような回路の論理は**組合せ論理**（combinational logic）と呼ばれる。

これに対して，入力と入力前の状態とで出力が決まる論理回路は**順序論理**（sequential logic）と呼ばれる。順序論理回路は，出力が入力側にフィードバックされることで，入力を記憶することができる。本節では順序論理回路による記憶回路の基礎と，それを応用した**カウンタ**（counter）を説明する。

なお，RAM（random access memory）には 2 種類あり，以下で説明する方式のものは SRAM（static RAM）と呼ばれ，コンピュータのキャッシュメモリなどに使われているものである。一方，コンピュータのメインメモリなどに使われているのは，これとは別方式の DRAM（dynamic RAM）と呼ばれるものである。

● **SR FlipFlop**

図 6.3 の図（a）は NAND，図

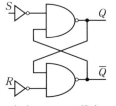

（a）NAND で構成　　（b）NOR で構成

図 6.3　セットリセットフリップフロップ回路

(b) は NOR で構成されたセットリセットフリップフロップ（SR flipflop）と呼ばれる回路である。これらは，記憶回路や計数回路の基本回路である。

動作を図 (a) の NAND による構成で説明する。信号ハイレベルを 1，ローレベルを 0 で表す。R が 1 であれば下側 NAND の入力の 1 つが 0 なので他方の入力に関係なく出力 $\overline{Q}$ は 1 になる。このとき S が 0 であれば上側 NAND の 2 入力はどちらも 1 なので Q は 0 になる。これが Reset の動作である。表 6.3 の Reset の行参照。

表 6.3　SR フリップフロップ真理値表

	入力		出力	
	S	R	Q	$\overline{Q}$
Reset	0	1	0	1
Hold	0	0	0	1
Set	1	0	1	0
Hold	0	0	1	0
NoUse	1	1	1	1

● Reset の後 Hold で $Q=0$ を保持する，Set の後 Hold で $Q=1$ を保持する

Reset のとき下側 NAND の 2 入力は 0 である。この状態から R が 0 になれば，下側 NAND の 2 入力は 0 と 1 なので出力 $\overline{Q}$ は変わらない。これが Hold（保持）の動作で，このとき $Q=0$ を記憶していると考えることができる。表中 Reset の下行 Hold の行参照。

R が 0 で，S が 1 であれば Reset と同様のことが上下 NAND で逆転して起こり Q は 1 になる。これが Set の動作である。表中 Set の行参照。この状態から S が 0 になれば，Q は 1 を Hold 保持する。このとき $Q=1$ を記憶していると考えることができる。Set の下の Hold の行参照。

このようにこの回路では，入力がホールド状態で，ホールド直前のセットまたはリセット状態を記憶して出力する。

● **D latch**

図 6.4 (a) は D ラッチ（D latch）と呼ばれる 1 ビット記憶回路構成である。

$G=1$ のとき $\overline{S}=\overline{D}$, $\overline{R}=D$ になり，$D=0$ のときは Reset，$D=1$ のときは Set となる。つまり，$G=1$ の間，入力データ D はそのまま Q に出力される。$G=0$ になると $\overline{S}=\overline{R}=1$, つまり $S=R=0$ なので，そのときの Q を保持する。つまり $G=0$ の間，Q には $G=1$ から $G=0$ に変化するときの D が記憶されることになる。図 6.4 (b) にそのタイミングチャートを示す。

6.2 記憶回路

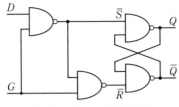

（a）Dラッチの回路構成

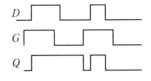

（b）Dラッチのタイミングチャート例

$G=1$ の間 $Q=D$ で，$G=0$ の間 Q は $G=0$ に変化したときの D を保持する

図 6.4　Dラッチの回路構成とタイミングチャート

● D FlipFlop

図 6.5（a）のように D latch を 2 つ使うことで D FlipFlop と呼ばれる回路が構成される（説明を簡単化するため，ここでは JK フリップフロップ（JK FlipFlop）を省略し，同じ働きができる D フリップフロップ（D FlipFlop）を用いる）。この回路では，D 入力を CLK（Clock）†と呼ばれる制御信号の立上りエッジで記憶保持することができる。

（1）$CLK=0$ の間（$G_1=1$ の間），$Q_1=D$。

（2）$CLK=1$ に変化すると（$G_1=0$ に変化すると），Q_1 はそのときの D を保持する。このとき，G_2 は 0 から 1 に変化するので，Q_2 はそのときの Q_1 に保持されている D を出力する。

（3）$CLK=1$ の間，Q_1 は変化しないので，Q_2 の値も変化しない。

（4）$CLK=0$ に変化すると（$G_2=0$ に変化すると），そのときの Q_2 を保持する。

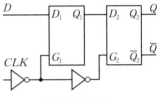

（a）回路構成

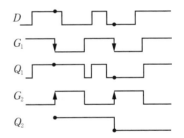

（b）D FlipFlop のタイミングチャート例

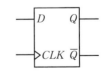

（c）D FlipFlop の記号

図 6.5　D FlipFlop 回路構成とタイミングチャート

---

† エッジトリガー方式の制御信号はクロックと呼ばれることが多い。電圧レベルで行われる制御はゲート方式と呼ばれ，レベルの変化（立上り，または立下り）で行われる制御はエッジトリガー方式と呼ばれる。

Dフリップフロップが D ラッチと異なるのは，出力 Q が，0 から 1 への CLK 立上りエッジでの入力 D を，次の CLK 立上りエッジまで保持する，というところである。

D Latch, D FlipFlop は 1 ビット記憶回路で，記憶装置，カウンタ，シフトレジスタ，コンピュータと外部とをつなぐディジタル入出力回路（ディジタル I/O インタフェース）などの基本要素である。

● **カウンタ**

図 6.6（a）は D FlipFlop の $\overline{Q}$ 出力を D 入力へフィードバックした回路で，これを使うと CLK 入力パルスを 1/2 分周することができる。

タイミングチャートは図（b）のようになる。CLK の立上りエッジで $\overline{Q}$ が取り入れられ少し遅れて Q に出力保持され，同時に出力 $\overline{Q}$ は反転する。これを繰り返すことで CLK 入力パルスは 1/2 分周されて出力される。

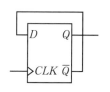

（a）D FlipFlop を用いた 1/2 分周回路

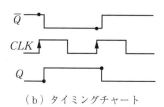

（b）タイミングチャート

図 6.6 1/2 分周回路

カウンタ（バイナリカウンタ）は，D FlipFlop で 1/2 分周する回路を複数個使って図 6.7（a）で構成することができる。実際は初期化するための制御回路が付け加えられる場合が多い。

図 6.7（b）にタイミングチャートを示す。出力 Q_0 は数を 2 進数で表した場合の最下位 2^0 の位の値を出力する。図中 Q_0 のパルスに書き込まれた 1 は 2^0 の意味である。出力 Q_1 は 2^1 の位の値を出力する。図中 Q_1 のパルスに書き込まれた 2 は 2^1 の意味である。以下同様。

各出力の値から入力パルスのカウント数は，最初すべての出力が 0 に初期化されていたとすると

$$Q_0 2^0 + Q_1 2^1 + Q_2 2^2 + Q_3 2^3 + \cdots$$

となる。

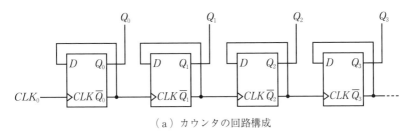

（a）カウンタの回路構成

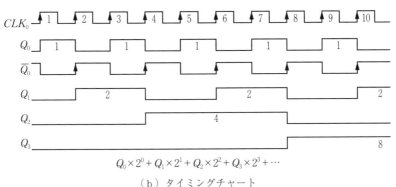

$Q_0 \times 2^0 + Q_1 \times 2^1 + Q_2 \times 2^2 + Q_3 \times 2^3 + \cdots$

（b）タイミングチャート

図 6.7 D FlipFlop によるバイナリカウンタの構成とそのタイミングチャート

6.3 その他の代表的論理回路

● セレクタ

AND のゲートの性質を応用すると，2 入力のどちらかを制御信号で選択して出力する回路が構成できる。**図 6.8**（a）のような構成では，制御 $B\,Enable$ = 1 で B が，$B\,Enable$ = 0 で A が，出力される。**表 6.4** にこの真理値表を示す。

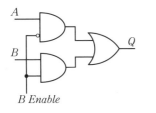

（a）セレクタ（マルチプレクサ）回路構成例

（b）マルチプレクサ図記号

図 6.8 セ レ ク タ

表 6.4 図 6.8 のセレクタ真理値表

入力		B Enable	出力 Q
A	B	0	A
A	B	1	B

このように複数入力から1入力を選択して出力する回路は，**セレクタ**（selecter）と呼ばれる。2^n 入力1出力のセレクタは n ビットの制御で構成できる。

● マルチプレクサ

ある時間は A からの信号，次のある時間は B からの信号，次のある時間は C からの信号，…という具合に複数の信号を1通信路に乗せることを**マルチプレックス**（multiplex，多重化）という（より正確にいうと時分割マルチプレックス）。それを行うものをマルチプレクサという。セレクタはマルチプレクサとして使えることが分かる。**図 6.8**（b）に図（a）のマルチプレクサの図記号を示す。

● デマルチプレクサ

マルチプレックスされた信号から別々の元信号に戻すことを**デマルチプレックス**（demultiplex）と呼ぶ。それを行うものをデマルチプレクサと呼ぶ。

図 6.8 で2入力 A, B をマルチプレックスした信号は，AND のゲートの性質を応用すると**図 6.9** の回路でデマルチプレックスできる。**表 6.5** にデマルチプレクサ真理値表を示す。

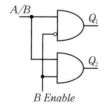

図 6.9 デマルチプレクサ回路構成例

表 6.5 図 6.9 のデマルチプレクサ真理値表

入力 A/B	B Enable	出力 Q_1	出力 Q_2
A	0	A	0
B	1	0	B

● 入力 A/B は図 6.8 の Q につながり，図 6.9 の B Enable は図 6.8 の B Enable と同じとする

● 比較回路

図 6.10 は入力 $(A_1 A_0)_b$ と $(B_1 B_0)_b$ をそれぞれ比較し，一致したときだけ $Q=0$，一致しないとき $Q=1$ となる比較回路構成例である。

● エンコーダ

図 6.11 は**表 6.6** の4入力から2ビット2進コードにするエンコーダ真理値表の関係を回路に

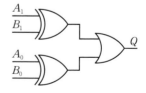

A, B 要素ごと一致したら $Q=0$ になる

図 6.10 比較回路構成例

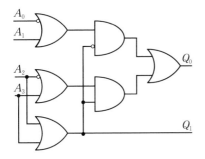

表6.6 4入力2bit出力エンコーダ真理値表

入力				出力	
A_3	A_2	A_1	A_0	Q_1	Q_0
0	0	0	1	0	0
0	0	1	×	0	1
0	1	×	×	1	0
1	×	×	×	1	1

● × = 0 or 1

図6.11 4入力2bit出力エンコーダ回路

したものである。

● **デコーダ**

図6.12は，**表6.7**の2ビット2進コード入力から4通りのどれかを真とするデコーダ真理値表の関係を回路にしたものである。

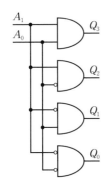

図6.12 2bit入力4出力デコーダ回路

表6.7 2bit入力4出力デコーダ真理値表

入力		出力			
A_1	A_0	Q_3	Q_2	Q_1	Q_0
0	0	0	0	0	1
0	1	0	0	1	0
1	0	0	1	0	0
1	1	1	0	0	0

5～6章の演習問題

（1） (a) x_0＝ドアが閉まっている，x_1＝シートベルトが掛けられている，の両方が真であるときだけ，y＝車は発車できる，という論理を論理回路で構成せよ。

(b) $\overline{x_0}$＝ドアが閉まっていない，$\overline{x_1}$＝シートベルトが掛けられていない，の少なくても1つ真であるなら，$\overline{y}$＝車は発車できない，という論理を正論理回路で構成せよ。

(c) 問(b)の解を負論理回路で構成せよ．

(d) $x_0 =$ 空腹である，$x_1 =$ 金がある，$x_2 =$ 下痢である，のうち，「下痢である」だけが「偽」で後はすべて「真」であるときだけ，$y =$ レストランで食事する，という論理を論理回路で構成せよ．

(2) NOT, 2入力 AND, 2入力 OR を2入力 NAND だけで構成せよ．

(3) 2入力 EXOR を使ってインバータを構成せよ．

(4) ディジタル回路の信号伝達速度を制限している要因は大きく分けて2つある．それぞれ何か，またそのわけを述べよ．

(5) ディジタル回路の信号が適切であるためには，ノイズ，負荷，信号速度に関してどのような注意が必要か理由も付けて述べよ．

(6) 高速 CMOS の TC74VCX00FK の入力は全部で8個あり，それぞれ 6 pF である．電源電圧を 3 V，周波数 100 MHz の矩形波を入力としてこの IC 内の回路がすべて無負荷で動作しているときの，電源からのおよその供給電流，供給電力を推測せよ．

(7) 図6.2の3ビット幅の加算器を利用して，3ビット幅の減算器 $(a_2 a_1 a_0)_b - (b_2 b_1 b_0)_b$ を構成せよ．

(8) 問図1(a), (b), (c) の入出力関係はどうなるか．

(9) 2進数3桁の入力が2つ $(a_2 a_1 a_0), (b_2 b_1 b_0)$ あり，$a_2 = b_2$, $a_1 = b_1$, $a_0 = b_0$ のときだけ1が出力される回路を構成せよ．

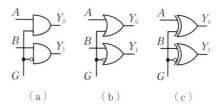

問図1

(10) Dフリップフロップ4個を用いて4ビット入力4ビット出力のラッチ回路を構成せよ．

(11) リセット付きバイナリカウンタはリセット信号ですべての出力を0にすることができる．リセット付きバイナリカウンタを利用すれば，入力パルスの奇数周期のパルスをつくることができる．カウント出力が図6.7のようになっていて，それにリセット機能がついているようなカウンタ (問図2) を使って，入力パルスの5個周期のパルスをつくるにはどうすればよいか述べよ．

問図2 リセット付きバイナリカウンタ

第2部 マイクロコンピュータ

マイクロコンピュータとは半導体集積回路で電子回路が構成された自動情報処理装置のことである。

第2部では，マイクロコンピュータがどのような仕組みで自動情報処理できる（思考できる）のかを説明する。

7 コンピュータの構成と働きの概説

ハードウェア（hardware）とは物理的なもの（長さ，重さ）をもったもののことで，ソフトウェア（software）は物理的なものをもたない情報（知識，命令）のことである。本章ではまず全体の概要を説明する。その続きの2章でハードウェアとソフトウェアを順次説明する。

7.1 プログラムとプロセッサ

本節でディジタルコンピュータの基本方式を説明する。これは通常，**ノイマン[†]アーキテクチャ**（Neumann architecture）と呼ばれている。

7.1.1 データと命令とプログラム

コンピュータができる基本的なことを大まかにグループ分けすると

(1) データ入出力, (2) データ加工, (3) 判断, (4) 全体的制御, になる。

データ（data）とは，知識や単なる物事の情報などのことで，コンピュータが行う情報処理の対象や参照情報である。これはコンピュータ内部では第1部

[†] von Neumann (1903 ～ 1957)

で述べたような方法で2進数コードにコード化されている。

(1)のデータ入出力とは，コンピュータ内または内外でのデータの読出し書込みのことである。

(2)のデータ加工とは，算術論理演算，データ並べ替え，などのことである。

(3)の判断とは，算術論理演算の結果などを使って，次の行動をいくつかの選択肢から選択することである。

(4)の全体的制御とは，コンピュータ全体に影響を与える制御である。

このようにコンピュータは，人間が情報処理を行う（情報の出し入れ，計算，比較，論理，判断等々を行う）のと同じことができる。つまり，コンピュータは「**思考**（thinking）」と呼ばれていることを行うことができる[†]。

これらはコンピュータに**命令**（instruction）として与えられ，その命令は通常，以下のように呼ばれている。

(1) **データ転送**（data transfer）**命令**

(2) **算術論理演算**（arithmetic logic operation）**命令**

(3) **分岐**（branch）**命令**

(4) **システム制御**（system control）**命令**

データ転送命令では，送り元の記憶回路のデータが送り先の記憶回路へ書き込まれる。これはデータコピーで，送り元のデータがなくなるのではないことに注意。

算術論理演算は専用ユニットで行われる。このユニット内に算術回路や各種論理回路が1個あるいは複数個ある。複数個の場合は複数の演算が同時に可能である。

分岐命令では，いくつかの仕事の流れの選択肢から条件により1つを選択してそれに分岐する。また，決まった仕事を1つの関数（サブルーチン）にまとめて，それに分岐して仕事を任せる，という選択も可能である。

割込み要求があると強制的に割込み専用の仕事に移ることも可能であるが，割込み処理への分岐は分岐命令で行われるのではないことに注意。

[†] コンピュータは，人が直感や無意識で行うこともできるのだろうか。

システム制御命令は，省エネルギーモードにするとか，初期状態にするとか，何もしないで時間調整のため時間だけ経過させる，などの命令である。

通常，これら命令の各グループはいくつかの種類に分類され，またそれらはそれ以上分けられない最小単位の命令に分類される。これらの最小単位の命令全体は**命令セット**（instruction set）と呼ばれる。

命令のディジタルコードは**マシン語**（machine language）（またはマシンコード）と呼ばれ，マシン語の単位には**語**が使われる。マシン語1語は基本的には上記(1)～(4)のどれかの1命令であるが，命令がたがいに独立しており同時実行できるなら，1語の中に複数命令をもつこともある。マシン語1語のビット長は決まっている場合と決まっていない場合がある。1語のビット長が長いほど複雑な命令にすることができる。本書では説明の単純化のため，マシン語1語のビット長は特に断りがなければ皆同じとする。

上記(1)～(4)の命令を仕事の順番に並べたものがコンピュータ**プログラム**（program）である。プログラムはデータ処理を行う方法（レシピ）のことである。データとプログラム合せて**ソフトウェア**と呼ばれているが，データまたはプログラムの片方だけでもソフトウェアと呼ばれている。

> プログラムは通常，まず人間の言葉に近いプログラミング[†]言語で作られる。このプログラムはソースプログラム（またはソースコード）と呼ばれ，マシン語プログラムに直されてからメモリに配置される。通常Cソースプログラムなどの1命令は，マシン語数語から数十語で構成されている場合が多い。
>
> **コンパイル**（compile，翻訳），**アセンブル**（assemble，組立て）は，ソースプログラムをマシン語プログラムに直す代表的な方式である。

7.1.2 内部メモリとプロセッサ

図7.1はコンピュータ内部で情報処理を行う部分の大まかな基本的**ハードウェア**構成である。コンピュータ開発初期の頃，図7.1は真空管回路で構成さ

[†] プログラミングとは，プログラムを書いて（コーディングして），そのマシン語をコンピュータのメモリに入れてコンピュータで使えるまでの準備をすることをいう。

れていたが，現在では半導体 IC である。

内部記憶装置（**内部メモリ**，inner memory）はデータ，マシン語プログラムが入れられる記憶装置で，**バス**（bus）と呼ばれるディジタル信号をやり取りする多くの細い導線で，以下で述べている CPU とつながっている。

内部メモリ内のプログラムはアドレスが増す向きに命令が並べられ，データは複数アドレスを必要とする場合，アドレスの増す向きにデータを分割して下位から上位向きに並べる方式とその逆方式がある。例えば1アドレスのデータが8ビット長である場合，**ビッグエンディアン**（big endian）方式では例えばデータ 1234_h はアドレスの増す向きに 12_h, 34_h と並べられ，**リトルエンディアン**（little endian）方式ではその逆 34_h, 12_h と並べられる。

CPU（central processing unit, **中央処理装置**）は，内部メモリからマシン語プログラムの命令を1語ごと自身に取り入れて実行するまでを行う（プログラム処理する）ものである。CPU は**プロセッサ**（processor）とも呼ばれる。プログラム処理についてはこの後で説明する。

情報処理対象データや参照用データが，マシン語プログラムとともに内部メモリに配置されている様子が**図7.2**に示されている。データ，命令の入れられる場所はアドレスで指定される。

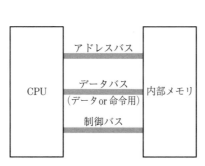

図7.1 コンピュータ内部で情報処理を行う部分の大まかなハードウェア構成

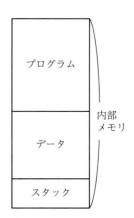

図7.2 CPU が情報処理する際使う，内部メモリのソフトウェア

データの中には，通常の情報処理対象データとは異なり，おもにCPUがある種の命令実行の際に使うメモのようなもの：**スタック**（stack）と呼ばれるデータ形式がある。これはCPUからの扱い方が通常の情報処理対象データとは異なる。8.3.2〔4〕参照。

バスは**アドレスバス**（address bus），**データバス**（data bus），**制御バス**（control bus）の3種類に分けることができる。**図7.3**にCPUからのアドレスバスのアドレスが確定してから，データバスにCPUが読み書きするデータまたはCPUが読み込む命令が確定する様子を示す。これらの信号はある制御信号に同期している。また，データバス上のデータの流れ方向はある制御信号で示されるが，図では簡略化のため省略。

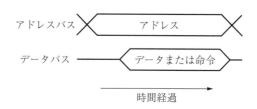

図7.3 CPUからのアドレス出力が決まってから，データまたは命令がデータバスに確定する様子

図中横向き並行2本線部分はバスの各線路の電圧がハイまたはローレベル確定していることを，X記号部分はそれらの電圧が変化していることを，Yの幹部分を横にした部分はそれらの電圧出力回路が遮断状態（ハイインピーダンス）であることを，Yの枝分かれ部分を横にした部分はそれらの電圧が変化している状態を表している。

マイクロコンピュータのハードウェア構成については，次節でもう少し丁寧に説明する。

7.1.3 プログラム処理

次にプログラムの処理について説明する。単純化のため命令1語のビット長は皆同じとする。

まず，マシン語プログラムが内部メモリに入っていることが条件である。最初，外部記憶装置に入っているプログラムも，プログラム処理のためには必ず一旦内部メモリに入れられる必要がある。

内部メモリに入れられたプログラムの各命令は，分岐命令がなければアドレ

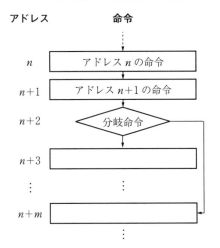

命令1語のビット長は皆同じとしている。この分岐命令は条件によりアドレス $n+m$ にある命令に分岐する

図7.4 内部メモリ内のマシン語プログラムの命令配置の概念図

スが増す向きに順番に1語ごとに並べられる。ただし，分岐命令で分岐する場合の分岐先命令は別である（**図7.4**）。

ここまでを前提として，プロセッサがプログラムを**処理**（processing）するとは，以下の(1),(2),(3)を繰り返すことをいう（**図7.5**参照）。

(1) プロセッサは，内部メモリに格納されたプログラム中の対象とするマシン語1語をプロセッサ内に取り入れる。これを**フェッチ**（fetch）†という。

(2) プロセッサはフェッチした命令コードを**復号する**（decode）。つまり，具体的な命令を認識しその命令実行用の回路を指定する。通常この場合の decode には**解読する**，という言葉が使われている。

(3) プロセッサは命令を**実行する**（execute）。命令実行用の電子回路を動作させる，ということである。

fetch は命令コードの取込み，decode は命令コードの復号，execute は命令の実行の意味。各ステージにかかる時間は一定ということではない

図7.5 ノイマン方式でのマシン語のプログラム処理の流れ

処理という言葉と実行という言葉は，コンピュータ用語では区別されていて，「execute」のステージは「処理」とは言われないが，プロセッサがプログラムを「処理」する場合は，「実行」するとも言われる。

---

† fetch はもともと（行って）取ってくる，という意味。

実行が完了すると，次の命令に対して(1)を行い，以後同様に繰り返す（図7.5）。このとき，次の命令を処理せよ，という命令は必要としない。

ただし次の命令とは，実行した命令が分岐命令以外では次のアドレスにある命令のことで，実行した命令が分岐命令では分岐先の命令である。図7.4では，分岐命令が「もし条件を満たすなら（あるいは満たさないなら）アドレス$n+m$にある命令から処理せよ」という命令であるとき，その条件を満たす（あるいは満たさない）のであればアドレス$n+m$にある命令，そうでなければそのまま引き続き次のアドレス$n+3$にある命令を処理することを示している。

決まった機能をもつプログラムを呼び出して使えるようにしたものをサブルーチンという。サブルーチン呼出し命令ではサブルーチン先頭アドレスの命令へ分岐する。詳細は7.3.1項で説明する。

7.1.4 リセット，割込み

通常プロセッサは，プログラム処理において，コンピュータ外部または内部からリセットや割込みを受け付けることができる。

リセット（reset）は装置を初期状態にする機能で，プロセッサにリセットがかかるとどのような状態でもプロセッサ内部は各種の初期設定が行われ，そして**リセットベクトル**（reset vector）と呼ばれるある決まったアドレスから命令フェッチが始まる（図7.6）。図ではリセットベクトルをA

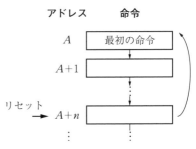

図7.6 リセットでプログラム全体の最初の命令から処理が行われる

と記している。プログラム全体の最初の命令がそこにおかれる。コンピュータに電源が入ったときにもリセット機能が使われる。

割込み（interrupt）は，予測できないことに対処するための機能で，CPU周辺から要求される場合とCPU内部から要求される場合がある。人が，いつかかってくるか予測できない電話に対処できるように，コンピュータにもその

ような機能がある．プロセッサが割込みを受け付けた場合には，**割込みベクトル**（interrupt vector）と呼ばれるある決まったアドレスの命令のフェッチを開始する（**図7.7**）．図では B が割込みベクトルである．

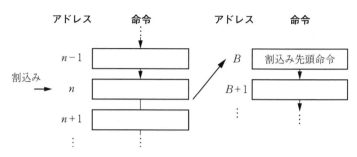

割込みを受け付けると，処理は強制的に割り込みプログラム先頭番地から行われる．命令1語のビット長は皆同じとしている

図7.7 割込み要求を受け付けた場合の処理流れ

プロセッサが割込みを受け付けたら，まずそのとき処理していた命令を実行し，その次に処理予定の命令のアドレスなどを**スタックメモリ**（stack memory）に保管し，その後割込みベクトルの命令から順次処理を開始する．そして，割込みプログラム終了（**リターン**）命令実行でスタックメモリに保存していたアドレスなどを取り出し，中断していたプログラム処理に戻る．

7.2 ハードウェア基本構成

マイクロコンピュータの**ハードウェア**基本構成を**図7.8**に示す．通常，CPU周辺装置とバスとの接続には論理回路が必要で，特にパーソナルコンピュータにおいては，この回路はブリッジなどと呼ばれる1つの半導体装置になっている場合があるが，**図7.8**では省略されている．

バスは**図7.1**のように3種類（アドレスバス，データバス，制御バス）から構成されているとする．以下，図を構成する各装置を順に説明する．

〔1〕 **CPU**

CPU（central processing unit，中央処理装置）はプログラム処理を行うものである．これは，半導体集積回路で構成されているとき，**マイクロプロセッサ**（micro processor）とも呼ばれる．また**マイクロプロセッシングユニット**

（micro processing unit：MPU）とも呼ばれる。

マイクロプロセッサのハードウェア構成要素とその機能については8章で説明する。

〔2〕 **クロック発生器**
（clock generator）

クロック（clock）とは規則正しい矩形（方形）の繰り返し信号のことで、コンピュータという自動思考

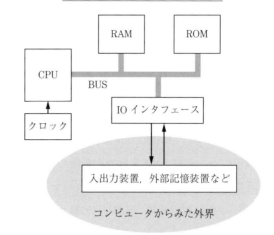

このRAM，ROM合わせて内部記憶装置という
図7.8 マイクロコンピュータのハードウェア基本構成

機械を動かす元信号である。コンピュータで使われるほとんどすべての電気信号がクロック信号を元にして作られる。また，プロセッサ内の各種装置の動作はクロックに同期して行われる。クロック発生器はこの信号発生器のことである。

クロックはプログラム処理の同期信号で，クロック信号の1周期分パルスのことも1クロックと呼ぶ。通常命令1語は1～数クロックで実行される。この信号がなくなればコンピュータは止まり，この信号が速くなればコンピュータの動作は速くなる。

現在（2014年），数GHz[†]あたりまでのクロック周波数が使えるマイクロプロセッサも多い。そのようなマイクロプロセッサでは1秒間に10^9個程度の命令が実行可能である。クロックは回路動作の源信号という意味では「心拍」，情報処理の同期信号という意味では「脳波」に相当しているともいえる。人間の脳波の周波数[††]は約10 Hzなので，コンピュータの情報処理が人と比べるといかに速いかが分かる。ただし，クロック周波数が上がるほどマイクロプロセッサの消費電力も上がり発熱する。またむやみに上げると，もともとディジ

[†] G（ギガ）：10^9
[††] α波は約10 Hz，β波は約20 Hz，γ波は約30 Hz以上。

タル回路では信号に遅延があるので同期がはずれたり，各種の波形が不完全になる，などが起こる。

〔3〕 **バ ス** (bus)

バスは，アドレスバス，データバス，制御バスから構成されている（図7.1参照）。バスは，ディジタル信号というお客を乗せたバスが行き来する「バス路線」を意味し，動物の「神経」に相当するもので，多くの細い導線から成り立っている。共通 GND を除いた線路の本数をバス幅という。バス幅は一度に伝達できる情報量である。

CPU とその周辺装置（RAM，ROM，I/O インタフェース）とのデータのやり取りは CPU からアドレス指定することで行われる。CPU が指定できるアドレス範囲は，**アドレス空間**（address space）または**メモリ空間**（memory space）と呼ばれる。CPU のアドレス出力のバス幅が n ビットのとき，この CPU のアドレス空間は $0 \sim 2^n-1$ 番地になる。

データバスには命令あるいはデータが乗り，これらの流れる方向は制御バスで示される。

ハーバード方式と呼ばれる方式では，基本的にデータの読出しあるいは書込みと命令フェッチが独立に行われる。そのために，バスもメモリもデータ用とプログラム用にそれぞれ独立している。この場合，CPU がアクセスできるアドレス空間はデータ用とプログラム用とに2つあることになる。

バスの詳細は 8.2 節で述べる。

〔4〕 **RAM** (random access memory)

RAM は電源 ON のときだけ記憶できる半導体 IC の記憶装置である。電源 ON になったときの最初の記憶は不定である。**アクセス**（access，データ読出し書込み）速度が任意アドレスで一定であるところから，random access memory という名前がついている[†]。

図 7.9 に RAM の構成を概念的に示す。RAM は，アドレス入力，データ入出力，Read/$\overline{\text{Write}}$ 制御，Enable 制御の各端子をもっている。内部には，ある決まっ

[†] 磁気テープやハードディスクなどのデータアクセスはシーケンシャル（順次）アクセスと呼ばれる。

たビット長の多くの記憶素子列それぞれにアドレスが割り当てられている。記憶素子列は，アドレスデコーダの出力で1つ選ばれる。

Read/$\overline{\text{Write}}$ 制御信号は，データ読出し書込み時のデータ流れ方向を示す制御信号である。トランシーバ（5.3節，図5.15（68頁）参照）は記憶素子列とデー

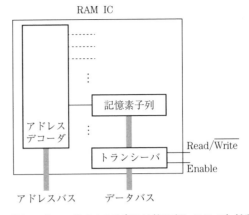

アドレスデコーダでメモリ内の目的アドレスにつながる

図7.9 RAM の構成概念図

タバスとをつなぐものである。Enable 制御信号は記憶素子列とデータバスとをつないだり遮断したりする。また，Read/$\overline{\text{Write}}$ 制御信号はトランシーバのデータ出力方向を決める。これら制御信号の働きは8章で説明する。

メモリのアドレス入力のバス幅が n ビットで1アドレスがもつ記憶容量が m バイトのとき，このメモリのアドレス総数は 2^n 個なので，このメモリの全記憶容量は $m \times 2^n$ バイトになる。

図7.8 における RAM は**主記憶装置**（**メインメモリ**，main memory）とも呼ばれている。この RAM は，必要に応じて外部記憶装置から新ソフトウェアを入れるためのプログラムメモリとして使われたり，データ加工時のデータ一時保管のためのデータメモリとして使われたり，また CPU があるプログラム処理において一時必要とするメモリ：スタックメモリとして使われる。

新ソフトウェアが入ることはコンピュータが学習することに相当するので，このことからこの RAM は人の大脳新皮質[†]に相当しているといえる。またこの RAM は CPU の作業ノートのようなもので，その容量とアクセス速度はコンピュータの性能に大きく影響する。

RAM は大容量化したが，動作速度の高速化に関してはマイクロプロセッサ

[†] 人は他の動物と比べてこの領域が際立って発達している。人間らしい活動はこの領域による，といわれている。

ほど進んでいない（2014年現在）ので、以下に述べるROMとともに、これらメモリの動作速度はマイクロプロセッサの性能を制限しているといえる。

〔5〕 **ROM**（read only memory）

ROMは、電源がなくても記憶保持する読出し専用メモリのことで、広い意味では、例えばCD（compact disk）のようなメモリもCD-ROMと呼ばれるが、ここでは、CPUとバスでつなぐことができる半導体ICメモリのROMのことである。

ROMは、アドレス入力、データ出力、Enable制御の各端子をもっている。ROMは読出し専用メモリなので、Read/$\overline{\text{Write}}$制御はもっていない。ROMはRAM同様にアドレスごとにデータや命令を保管できるようになっていて、ROMの任意アドレスからデータや命令の読出しが行われる。ただしROMへの書込みは、読出しとは異なり特殊な方法が必要である。

図7.8構成のコンピュータに電源が入るとき、コンピュータが最初もっている記憶はこのROMの記憶だけである。その意味でこのROMは動物の本能がある場所（人の脳では旧皮質）に相当している。機器組込み小規模コンピュータなどでは、ここに全プログラムが入っている場合がある。パーソナルコンピュータなどでは、ここにBIOS（basic input output system、コンピュータの基礎情報）が入っている。また、**ブートローダ**（boot loader）（オーエスOSを外部記憶装置からRAMに配置するためのプログラム）も、ここに入っている。

図7.8におけるROMには、**EEPROM**（electrically erasable and programmable ROM）と呼ばれる電気的書込み可能なROMが使われる場合もある。これはソフトウェアの入れ替え可能なROMとして、例えば、外部記憶装置をもたない組込み専用マイクロコンピュータなどで使われる。

〔6〕 **I/Oインタフェース**（I/O interface）

コンピュータ内部と外部の装置との接続部になるところで、入出力インタフェース（input-output interface）のことである。I/Oポートとも呼ばれる。図7.8のようにコンピュータのバスと外部装置との接続部になっている部分である。

7.2 ハードウェア基本構成

> 2つの装置またはシステムを接続するときの接点部分を，インタフェースという。ときには人間もシステムとみなして，人間と機械との接点部分（モニタと操作装置）のことをマン-マシン・インタフェースなどともいう。

I/Oインタフェースにはパラレル方式，シリアル方式がある。パラレル方式では複数バスで外部装置とつながり，そのバス幅で情報交換をする。シリアル方式では1ビット幅のバスで情報交換をする。I/Oインタフェースにおける情報の送り手と受け手の間の同期の取り方には各種ある。

標準化されたインタフェースは現在（2014年）も進化中で，各種の規格：プリンタポート，RS-232 C (recommended standard 232 C)，GPIB (general purpose interface bus)，SCSI (small computer system interface)，PCI (peripheral component interconnect)，PCIe (PCI express)，USB (universal serial bus)，ディスプレイポートなどがある。中でもUSBは現在（2014年），入出力装置や外部記憶装置などをコンピュータにつなぐための規格として広く使われている。

〔7〕 **コンピュータ周辺装置**

コンピュータ外部の装置はコンピュータ周辺装置と呼ばれ，次のようなものがある。

(1) **入出力装置**（I/O device）：人とコンピュータとのインタフェースになる装置：キーボード，ディスプレイ，プリンタ，マウス，マイクロフォン，スピーカなどのことである。

(2) **外部記憶装置**（outer memory unit）：磁気テープ，フロッピーディスク，ハードディスク，CD，DVD (digital versatile disk)，EEPROMなどを媒体とする記憶装置のことである。これらに保管された情報の処理は，通常一旦内部メモリに転送されてから行われる。

(3) **その他**：A-D変換器，D-A変換器，通信装置，制御装置など。

7.3 ソフトウェア基本構成

7.3.1 プログラムとデータ

一般に**ソフトウェア**はプログラムとデータから構成されている。データは第1部でいくつか説明したように，各種のコード形式に分類できる。プログラムも以下で説明するように，メインルーチン，サブルーチン，割込みルーチンに分類できる。ルーチン（routine）は機能をもった1つのまとまったプログラムをいう場合に使われるが，単にプログラムと表現されることもある。

ソフトウェア開発の際，メモリ内に配置された各種ルーチンや各種データには，ユーザーによって適切な名前が付けられる。プログラム処理の際それらの名前は，ルーチンの場合はその開始アドレス，データの場合はそのアドレス，データが複数アドレスを必要とする場合はその先頭アドレス，をそれぞれ意味する。それらの名前は，C言語などでは**識別子**（identifier），アセンブリ言語では**ラベル**（label）または**シンボル**（symbol）と呼ばれる。

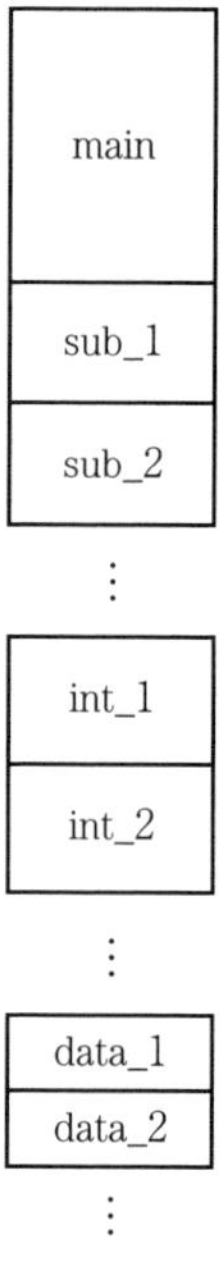

内部メモリに配置される各種ルーチン，各種データの概念図を**図7.10**に示す。図では，mainはメインルーチンの識別子で，メインルーチンが1つだけの場合とする。sub_1, sub_2, …, はサブルーチンの識別子，int_1, int_2, …, は割込みルーチンの識別子，data_1, data_2, …はデータに付けられた識別子であるとしている。

以下では，マシン語のこれらルーチンの機能に関する説明をする。9.3節「アセンブリ言語でのプログラム構成」では，各ルーチンの内部構成について説明する。

〔1〕 **サブルーチン**

プログラム内で繰り返し使われたり，また，無関係な別のプログラムでも使われたりする，ある決まった機能をもった部分的プログラムがある。そのような部分的プログラムを，プログラムメモリ上に必要なたびにすべて配置す

図7.10 内部メモリ内の各種ルーチンとデータ

るのではなく，メモリ上に1つだけで配置し，任意プログラムの中で「呼出し命令」でそのプログラムに**分岐**して使う。このようにして使うことができるプログラムを**サブルーチン**(subroutine)（またはサブプログラム）と呼ぶ。**図7.10**の sub_1, sub_2, …, はそれぞれ異なった機能をもつサブルーチンである。**図7.11**（a）は，sub_1 をプログラムの別のところから呼び出して使っている様子である。

データ加工する機能をもつサブルーチンはデータ加工の下請けに例えることができる。サブルーチンを選び，それに対して

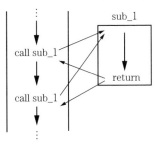

（a）サブルーチンへの分岐は呼出し命令で行う

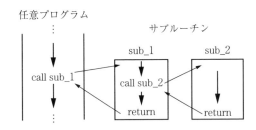

（b）サブルーチンの中からサブルーチンを呼び出しできる

図7.11 サブルーチン呼出し命令での分岐

決められた形式のデータを入力すれば結果が得られる。その意味でサブルーチンは独立した1つの関数に相当する。

サブルーチンへ分岐するとき，通常その前にデータなどの準備が行われ，それから分岐命令で分岐する。

サブルーチンへの分岐命令はサブルーチン**呼出し**（call）命令と呼ばれる。プロセッサはサブルーチン呼出し命令を実行すると，まず呼出し命令の次の命令のアドレスを**スタックメモリ**に保管してからサブルーチン処理を開始する。

サブルーチン最後のサブルーチン終了命令は**リターン**（return）命令である。リターン命令でスタックに保存していたアドレスを取り出すことで，呼出し命令の次の命令に戻ることができる。

一般に関数は，その関数の中で別の関数を使うことがある。同様にサブルーチンは，サブルーチンの中で別のサブルーチンを呼び出すことができる（**図**

7.11(b)参照)。

〔2〕 **割込みルーチン**

プロセッサは，コンピュータ外部からあるいはコンピュータ内部から割込み要求を受け付けることができるようになっている。コンピュータ工学の割込みとは，人間が使う割込みと同じで，いつ起こるか予測不可能で，起こればそのときの処理途中に割り込ませて独立して処理できる機能である。割込みに対処できるプログラムは**割込みルーチン**（interrupt routine），または割込みサービスルーチンと呼ばれる。割込み処理は，割込み発生で即処理される，つまり**リアルタイム**（real-time）処理である。

コンピュータ外部からの割込みは，電源異常，通信，マウスやキーボードなどからの割込みに利用されている。また，コンピュータ内部からの割込みは，不正命令のフェッチの検知，ゼロによる割り算などできない演算の検知，などからの割込みに利用されている。

割込み機能は予測できない事態に対応できなければならないので，プログラムの中で準備してから呼び出して使われるものではないところがサブルーチンと大きく異なる。

プロセッサが割込みを受け付けたら（図7.12），まずそのとき処理していた命令を実行し，その次の命令のアドレスを**スタックメモリ**に保管してから**割込みベクトル**の命令へ処理を移す。通常は，割込みベクトルの命令で割込みルーチンへと分岐する。そして，割込みルーチン最後の**リターン**命令実行でスタックに保存していたアドレスを取り出すことで，中断していたプログラムに戻る。

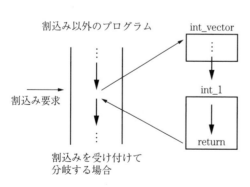

図7.12 割込みルーチンへの分岐は強制的に割込みベクトルへ行われる

各種割込みがあり，それぞれに対応した割込みルーチンがあるとき，どのような方法で割込みルーチンが選ばれるかについては9.3.5項で説明する。

割込み機能を使って，短時間ごとプロセッサを独立した複数のプログラム処理に当てれば，それらの独立したプログラムが（短時間のずれはあるが）ほぼ同時進行で処理される．この方式は**マルチタスキング**（multitasking），マルチプロセッシング（multiprocessing），**並行処理**（concurrent processing），**タイムシェアリング**（time sharing）などと呼ばれている．区切る時間が短時間の場合，人にはそれぞれの独立したプログラムが同時に処理されているように感じられる．

タイムシェアリングはもともと，大形コンピュータを複数の人が利用する技術であったが，その技術はマルチタスキングという名で，OSと複数のアプリケーションの並行処理や，音楽再生，通信，印刷などのバックグラウンド処理などに，広く利用されるようになっている．

〔3〕 **メインルーチン**

情報処理には各種のデータ処理や各種機能が必要になる．これらはそれぞれひとまとまりのプログラム部品にできる．サブルーチンもこのようなプログラム部品の1つである．**メインルーチン**（main routine）は，ある情報処理のためにこれらプログラム部品を適切な命令でつないだプログラムのことである．

例えて言えば，ある計算結果を求める場合に必要な仕様書：データ入力の方法，データ一時保存の方法，必要な関数の特性とその関数名，結果の出力方法などを書いたもの，に相当する．

装置組込みコンピュータなどのようにOSがない場合でメインルーチンがただ1つの場合には，そのメインルーチンの先頭アドレスがリセットベクトルになる．またこの場合のメインルーチン終了部分は，どこかのある範囲を無限ループするプログラム構造になる．

コンピュータがOSを使っている場合には，必要なメインルーチンがOSによって呼び出され，メインルーチン終了でサブルーチン同様リターン命令でOSに戻るように命令される．

メインルーチンの中で割込みルーチンが入ったり，割込みルーチンの中からサブルーチンを呼んだり，サブルーチンの中でまたサブルーチンを呼んだりして，プログラムの中に独立した別のプログラムが入ることは，プログラムにお

ける**ネスティング**（nesting：入れ子）と呼ばれる。

　ネスティング構造のプログラム処理では，リターン命令で戻るべきアドレスはスタックに記憶される。ネスティングできる回数はネスティングの深さと呼ばれ，ネスティングがあまりにも深くスタックメモリ容量を超えるとプロセッサは元に戻れなくなり，**暴走**（crash）する。

7.3.2　アプリケーションとオーエス

　ソフトウェアにおけるデータとプログラムという分類は，料理における食材とレシピに相当する。料理はまた，朝食，ランチ，ディナーに分けられるように，ソフトウェアもまた，別の分け方で説明できる。そのような分け方に，**アプリケーションソフトウェア**（application software，応用ソフトウェア）と**オペレーティングシステム**（operating system，基本ソフトウェア）がある。通常アプリケーションソフトウェアは単に**アプリケーション**と呼ばれている。また，オペレーティングシステムは単に**オーエス：OS**と呼ばれている。

　アプリケーションとは情報処理用ソフトウェアのことで，文書作成，表作成，図面作成，通信，シミュレーション，等々を行うときに使うソフトウェアのことである。

　一方 OS は，コンピュータを操作するオペレータの仕事の大部分を行うソフトウェアのことである。このソフトウェアの基本的な機能としては，ユーザーの指示により，外部記憶装置からアプリケーションを RAM に入れ，そのアプリケーションをプロセッサに実行させ，結果を出力装置に出力したり外部記憶装置に記憶させたりすることである。

　アプリケーションはハードウェア資源を使って情報処理を行い，OS はハードウェア資源の使い方などの管理を行う，といえる（**図 7.13**）。例えば OS は，プログラム処理性能を変えることができたり，実行中のアプリケーションを停止させて無効化させることができたり，また，複数のアプリケーションをRAM に配置してこれらを（割込みを利用したタイムシェアリング方式で）同時実行させることもできる。

　また，ユーザーと各種アプリケーション間のインタフェースは OS が行うの

7.3 ソフトウェア基本構成

で，情報処理における情報の流れは**図7.14**のように表すことができる。

通常，アプリケーションとOSは外部記憶装置に保存されていて，OSはコンピュータの電源ON時ROMのOS読込みソフトウェア：ブートローダ（boot loader）により外部記憶装置からRAMに読み込まれ，RAMに常駐して機能する（通常，このように機能するまでの動作をコンピュータの起動：**ブート**（boot）と呼んでいる）。ただし専用ワープロ機，ゲーム機などの小規模OSの場合では，OSはIC-ROM化されている場合もある。

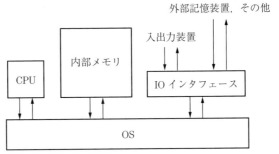

図7.13 OSはハードウェアを管理している

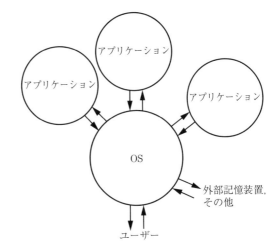

OSはユーザーとアプリケーション間のインタフェースである。矢印は情報の流れ

図7.14 ソフトウェアの構成と情報の流れ

一方，アプリケーションは仕事に応じてそのつどユーザーの指示でOSにより外部記憶装置からRAMに読み込まれる。これは通常単にロード（load）と呼ばれるが，これもブートと呼ばれることもある。

初期のコンピュータにはOSはなかった。その頃は，紙テープや紙カードに穴を開けて記録されたプログラムやデータが，オペレータ（人）によって読取り器でメインメモリに入れられ，プログラムが完成したらスイッチでCPUを動作させていた。

現在でも，組込み用マイクロコンピュータや実験実習で使うような簡単な

ボード型マイクロコンピュータには，OSがない場合がほとんどである。これらにおいては，搭載されたEEPROMに必要なアプリケーションソフトウェアを，通常はもう1台のコンピュータを使って書き込むことができ，その後EEPROMを読出しモードにして電源を入れると（あるいはリセットすると），書き込まれたアプリケーションソフトウェアの処理が開始されるようになっている場合が多い。

現在の多くのコンピュータでは，キーボードからの文字や記号を読み取ったり，モニタに文字を出したり，外部記憶装置のソフトを主メモリに入れたり，その逆などの基本的な操作を行うことができるだけでなく，人の音声で命令を認識したり，辞書を使ってかな漢字変換したり，時計やカレンダーを使って自動的に年月日を記録してから電子ファイルを保管したり，ある時間コンピュータを使わないと自動的に省電力モードになったり，自動的にファイルのバックアップをとったり，プロセッサに同時進行で複数の仕事をさせる（並行処理）などができる。

時計，カレンダー，辞書などは，情報処理に必要な基本的な知識と機能に相当するだろう。アプリケーションはこのようなOSの知識と機能を使うことができ，容易に高度になり，また，使用者はそのようなアプリケーションとOSを使って高度な仕事を容易に行うことができるようになる。

OSとアプリケーションは，コンピュータとともに生まれたソフトウェアで，常に進化している。

7.4 ハーバード・アーキテクチャ

ノイマン・アーキテクチャのデータバスは，データ用，命令用に共用されている。プログラム，データは一つのアドレス空間の中にあり，プログラム，データは共通のメモリ内に配置できるという利点があるが，プログラム，データに同時にアクセスすることはできない，という不利がある。

ハーバード・アーキテクチャ（Harvard architecture）では基本的に，図7.15左図のように，CPUがプログラム領域とデータ領域それぞれに独立したバスでつながる構成になっている。図中Aはアドレスバス，Iは命令バス，D

7.4 ハーバード・アーキテクチャ

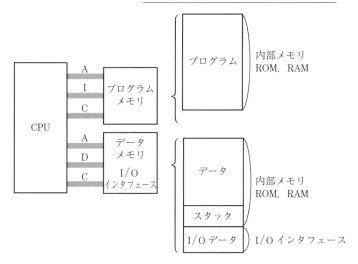

図7.15 ハーバード・アーキテクチャでは，基本的にプログラムメモリとデータメモリとが分離しており，それぞれ独立したバスで CPU につながる

はデータバス，C は制御バスを意味する。CPU は 2 つのアドレス空間をもち，プログラム領域，データ領域が別になっている。したがって，プログラム，データはそれぞれ別のメモリに配置されることになる。I/O インタフェースはデータ領域に配置される。

このような構成により，ノイマン・アーキテクチャでは無理であった，命令フェッチとデータ転送などメモリアクセスを要する命令の同時実行が可能にな

Fetch n 番目命令	Fetch $n+1$ 番目命令	Fetch $n+2$ 番目命令
Decode $n-1$ 番目命令	Decode n 番目命令	Decode $n+1$ 番目命令
Execute $n-2$ 番目命令	Execute $n-1$ 番目命令	Execute n 番目命令

時間経過 →

n 番目命令フェッチのステージで $n-1$ 番目命令のデコード，$n-2$ 番目命令の実行をしている

図7.16 パイプライン処理流れの概念図

る。これより**図7.16**に示すように，命令フェッチのステージ（期間）にも，常に2つ前の命令の実行が可能になり処理性能が上がる。命令実行が途切れることなく行われているところから，このような処理を**パイプライン**（pipeline）処理と呼ぶ[†]。

7.5 並 列 処 理

複数の命令を同時実行してよい場合が多々ある。例えば，係数 $\{a_j : j=0 \sim n-1\}$ が与えられていて，入力 $\{x_j : j=0 \sim n-1\}$ に対して出力 y を

$$y = a_0 x_0 + a_1 x_1 + a_2 x_2 + \cdots + a_{n-1} x_{n-1}$$

で計算する場合，2入力掛け算器1個と2入力加算器1個を内蔵したプロセッサの場合では，この掛け算器を結果をそれぞれ保存しながら繰り返し n 回，そしてこの加算器を結果を使いながら $n-1$ 回繰り返し使う必要があるが，n 個の2入力掛け算器を内蔵したプロセッサなら，これらの掛け算を同時に行いそれぞれ結果を保存することができる。また $n-1$ 個の2入力加算器を内蔵していれば，これら掛け算結果の加算を同時にはできないが，繰り返しなしで1命令で順番に多くの加算器を働かせるような命令をつくることができる。

また，例えば，2次元行列要素 $\{a_{ij} : i=0 \sim n-1, j=0 \sim n-1\}$ を係数として，入力 $\{x_j : j=0 \sim n-1\}$ に対して出力 $\{y_i : i=0 \sim m-1\}$ を

$$y_0 = a_{00} x_0 + a_{01} x_1 + a_{02} x_2 + \cdots + a_{0n-1} x_{n-1}$$
$$y_1 = a_{10} x_0 + a_{11} x_1 + a_{12} x_2 + \cdots + a_{1n-1} x_{n-1}$$
$$\vdots$$

で計算する場合，$y_0, y_1, \cdots, y_{m-1}$ を求める計算はたがいに独立している。したがって，m 個のプロセッサを同時に使うことができれば，$\{y_i : i=0 \sim m-1\}$ を求める計算はすべて同時進行でできることになる。

このように，複数命令を同時処理することは**並列処理**（parallel processing）と呼ばれている。並列処理は1プロセッサで行われる場合と，複数プロセッサで行われる場合とがある。並列処理は並行処理とは別の概念であることに注意。

複数プロセッサを1つのLSIチップに集積したものは**マルチコア**（multicore）

[†] ただし分岐命令があると命令実行は一時途切れる。図10.4参照。

プロセッサと呼ばれる。マルチコアプロセッサでは，プログラムが適切に部分（スレッド，thread）に分けられてコアに割り当てられ，それぞれのプログラム部分が独立してコアで同時に実行される。

並列処理できるプロセッサが，例えば命令1語で同時機能させることができる浮動小数点型演算器を全部で k 個もっている場合，命令1語を実行する時間を1クロックとおくことにしてこのクロック周波数が f〔Hz〕であったとすると，このプロセッサの処理能力は，$f \times k$（FLOPS : floating point operations per second）となる。

表7.1 はスーパーコンピュータ「京」の仕様の一部である。京は8コアのマルチコアプロセッサ68544個，メモリ総量1.26 Peta (10^{15}) Bytes で構成されている。命令実行速度は1.062京 (10^{16}) FLOPS でパーソナルコンピュータ性能（2014年現在）の約百万倍である。この計算速度では，パーソナルコンピュータで10日かかる並列処理可能な計算がほぼ1秒で終わる。スーパーコンピュータは，パーソナルコンピュータなどでは実用できなかったシミュレーション分野，例えば地球規模の気象予報などに力を発揮している[†]。

表7.1 スーパーコンピュータ「京」の仕様

ピーク演算性能	10.62 PFLOPS
CPU 総数	68544 個
メモリ総容量	1.26 PBytes
消費電力	12.66 MW
CPU	8 cores
	128 GFLOPS（16 GFLOPS×8 cores）
	32 Floating Point Multipliers & Adders (4 Floating Point Multipliers & Adders×8 cores)
	動作周波数：2 GHz
メモリ帯域	64 GByte/s（理論上ピーク）

P (Peta)：10^{15}，T (Tera)：10^{12}，G (Giga)：10^9，M (Mega)：10^6

● 京は2011年，TOP500から世界最速コンピュータに認定。消費電力は新幹線程度。演算速度は，パーソナルコンピュータの演算速度：数GFLOPS（2014年現在）の約百万倍。（出典：ja.wikipedia.org/wiki/TOP500）

[†] 初期性能の百万倍になると技術革新が起こると言われている。表2.2にある液晶ディスプレイの解像度，ディジタルカメラの撮像素子の解像度，またオペアンプの増幅度，光ファイバの透明度，等々の場合と同様。

7.6 マイクロコントローラ

マイクロコンピュータは，いまや自動車，カメラ，エアコン，ロボットなど多くの機器の中に組み込まれている。このような，機械技術とエレクトロニクス技術を合わせた技術分野は**メカトロニクス**（mechatronics）[†]と呼ばれている。

メカトロニクスでの基本要素は，マイクロコンピュータ，メカニズム（機構部），アクチュエータ（駆動部），センサ（検出部），エネルギーの5つである（**図** 7.17）。本書はディジタルの基礎とマイクロコンピュータとを解説している。

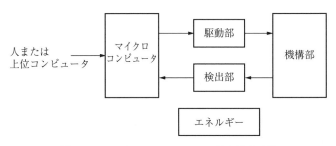

図 7.17 メカトロニクスの5つの基本構成要素

機器への**組込み**（embedded）専用コンピュータとして，**マイクロコントローラ**（microcontroller : MC）または**シングルチップマイクロコンピュータ**（single chip microcomputer）と呼ばれるものがある（10.1節参照）。これは，CPU，ROM，RAM，ディジタルI/Oインタフェースを基本とし，これに機種によって，タイマ，カウンタ，A-D変換器，D-A変換器などを加えて1つのLSIチップ内に入れたものである。ただし，マイクロコントローラは命令の種類，メモリ容量などに制限もあり，一般用のコンピュータには使われない。

また，CPU，内部メモリ，I/Oインタフェース，タイマ，カウンタなどがセットになって箱に入れられたもので，シーケンス制御（元々は，リレーやタイマなどを用いてあらかじめ決められた手続きに従って逐次行う制御）を行うことができるものとして，**プログラマブルロジックコントローラ**（programmable

---

† mechanics and electronics からつくられた和製英語。

logic controller : PLC）と呼ばれるものがある。これは主として工場での自動制御などに用いられている。シーケンサ（sequencer）とも呼ばれている。

7章の演習問題

（1）(a) マイクロコンピュータのハードウェア基本構成要素：マイクロプロセッサ，クロック，BUS，ROM，RAM，I/O インタフェース，コンピュータ周辺装置それぞれの大まかな機能を述べよ。
(b) また，内部メモリに ROM，RAM 2種類をもつコンピュータでは，それらはどのように使われるのか述べよ。
（2）バス幅 n ビットのアドレスバスのアドレス空間は 0 から何番地まであるか述べよ。
（3）ノイマン方式のプログラム処理を述べよ。そのとき，プロセッサ，バス，メモリ，プログラム，フェッチ，デコード，実行，の言葉を必ず入れること。
（4）クロック，リセット，割込みの機能について簡単に述べよ。
（5）コンピュータソフトウェアは，データと，プログラム，に分けることができる。それぞれを簡単に述べよ。
（6）コンピュータソフトウェアは，OS と，アプリケーション，に分けることができる。それぞれを簡単に述べよ。
（7）プログラムをメインルーチン，サブルーチン，割込みルーチンに分けて，それぞれの特徴に関して簡単に述べよ。
（8）リセットベクトル付近のメモリアドレスには ROM が配置されるわけを述べよ。
（9）プログラムのネスティング構造とは何か述べよ。
（10）サブルーチンの中で別のサブルーチンをいくらでも呼び出すことができないわけを述べよ。
（11）(a) ハードウェアの簡単なブロック図を付けて，ハーバード方式について述べよ。
(b) パイプライン処理と，それが可能になるためにはハーバード方式のハードウェア構成が必要になるわけを述べよ。
（12）並列処理が向いているコンピュータ処理にはどのようなものがあるか述べよ。

8 マイクロプロセッサのハードウェア

本章ではマイクロプロセッサのハードウェアの説明を行うのであるが，ハイレベル，ローレベルの電気信号からなる情報は簡単化のため数字を使っている。また，回路に情報を入れる場合は，「＝」記号を代入演算子として使っている。このとき，できるだけただし書きを入れたが，ない場合もある。文脈で通常の等価記号かどうか判断できると思われる。

8.1 基本構成

マイクロプロセッサのハードウェア基本構成：図8.1の各構成装置について説明する。

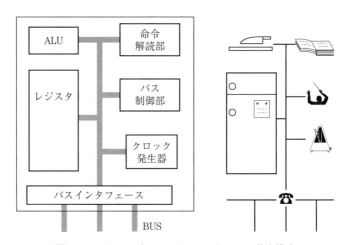

図8.1 マイクロプロセッサのハードウェア基本構成

8.1.1 クロック発生器

クロック発生器（clock generator）は，7.2節ではマイクロプロセッサの外付けであった。クロック発生器は，図8.1のようにマイクロプロセッサに内蔵されている場合もある。クロック発生器の説明には91頁の〔2〕クロック発

生器 を参照してください。

8.1.2 バス制御部

バス制御部（bus controller）は，プログラム処理において，マイクロプロセッサ内外のバスを制御する各回路の全体である。1つの装置にまとまっているというわけではない。

8.1.3 命令解読部

命令解読部（instruction decoder）は，フェッチした命令を解読する論理回路である。この結果を使って命令を実行する電子回路が選ばれる。

8.1.4 算術論理演算装置

算術論理演算装置：ALU（arithmetic logic unit）は，基本的に加減算，論理演算でデータ加工（データ比較も含む）を行うものである[†]。算術や論理はそれぞれ専用回路で行われるが，その個数は1個の場合もあれば複数個の場合もある。複数個の場合は複数の演算が1命令で可能である。

8.1.5 レジスタ部

レジスタ部（registers）は，データ転送やデータ加工命令実行時のデータの一時的保管，プログラム処理の流れやプロセッサの状態の記録，各種（データ，プログラム，スタック）メモリ領域でのアドレス指定，などの機能をもった小規模内蔵メモリである（**図8.2**）。

内部メモリアドレスを宅配の送り元や送り先に例えるなら，レジスタは荷物一時置き棚やスケジュールノートを備えた配送センターに例えることができる。また，内部メモリを食材のそろったスーパーマーケットに例えるなら，レジスタは冷蔵庫，まな板，家計簿を備えた台所に例えることができる。

[†] 多くのマイクロプロセッサは浮動小数点演算部（FPU：floating point processing unit）をもち，中には1命令で浮動小数点数の掛け算だけでなく平方根まで出すなどをできるものもある。

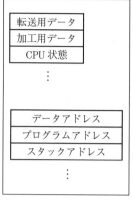

図 8.2 レジスタの内容例

レジスタに対して行うデータ処理は，内部メモリを使って行うデータ処理よりも高速である。一度使ったデータは再度使う可能性が高いので，結局この方式がデータ処理性能が高いといえる。先ほどの例えを使うと，食材を冷蔵庫に保管しておいた方が，必要のたびにマーケットに買い出しに行くより合理的であるようなものである。

1回のデータ転送命令で扱うことができるデータの情報量は，データ用レジスタのビット幅で決まる。n ビットマイクロプロセッサとは，このビット幅が n ビットのマイクロプロセッサのことである。

各種レジスタの機能に関しては 8.3 節で説明する。

8.1.6 バスインタフェース部

バスインタフェース部（bus interface）は，マイクロプロセッサの内部と外部とのインタフェース部である。アドレスバス，データバス，制御バスからなるマイクロプロセッサ外部バスとマイクロプロセッサ内部バスとをつなぐものである。2014 年現在，高性能 CPU では内部メモリと高速情報転送あるいはメモリアドレス管理のために，メモリコントローラをここに内蔵している（詳細は省略）。

マイクロプロセッサ外部バスは 8.2 節で説明する。

8.1.7 キャッシュ

内部メモリのアクセス速度は，プログラム処理においてマイクロプロセッサの処理速度を制限する。高速なマイクロプロセッサは，メモリアクセス時内部メモリに合わせるため，性能を下げて動作している。

そこで，内部メモリの動作よりも高速アクセスできるメモリを使って，そこにマイクロプロセッサが一度使ったプログラムの一部やデータの一部を一時保

存し,再度必要になったときこの高速メモリにアクセスすれば,高速マイクロプロセッサの性能を落とす必要がなくなる。この高速メモリを**キャッシュ**（cache）と呼ぶ。マイクロプロセッサが一度使ったプログラムやデータは再度使われる可能性が高いので,そのときはキャッシュを使うことで全体的に処理速度を上げることができる[†]。

キャッシュはマイクロプロセッサに内蔵されている場合と,マイクロプロセッサ周辺に置かれている場合とがある。**図**8.1では,基本的構成ということでキャッシュは省略されている。高速アクセスできるメモリは高価であるため,容量はレジスタよりは大きいが,メインメモリと比べると小容量である。

図8.3に,各種記憶装置の容量の違いをブロックの大きさで,アクセス速度の違いをブロックの上下位置関係で概念的に示す。

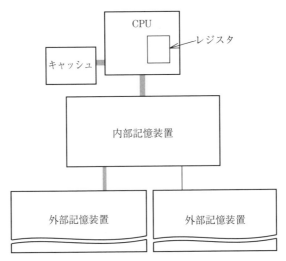

図8.3　各種記憶装置によるロジスティックス（物流）
図の上ほど高速アクセスできるが容量は小さい。
CPU内蔵レジスタが最も高速アクセスできる

8.2　各種バス

プログラム処理速度を上げるため,プログラムメモリ,データメモリそれぞ

[†] キャッシュの原義は貯蔵所,隠し倉庫。

れ独立にバスがある方式や，データあるいはアドレスのバス幅がレジスタやアドレスのビット長に一致していない場合，などがあるが，ここではノイマン方式の基本的バス構成を説明する。

8.2.1 アドレスバス

アドレスバス（address bus）は，CPU がその周辺装置（RAM，ROM，I/O インタフェース）のアドレスを指定するための電気信号の線路である。信号は CPU から一方的に出力される。CPU から出ているアドレスバス幅が n ビットの場合，CPU が指定できるアドレス空間（アドレス）は $0 \sim 2^n - 1$，その個数は 2^n 個である。CPU の各周辺装置は，このアドレス空間の一部にそれぞれアドレスを割り当てて配置される。すべて配置されても，実際にはこのアドレス空間には十分な余裕がある場合が多い。

8.2.2 データバス

データバス（data bus）は，CPU とその周辺装置との間でデータのやり取りをするときのデータの電気信号の線路である。ここでは，データバス，命令バスを独立にもっていない CPU の場合で，データバスはデータと命令の両方に使われる場合とする。データバスはアドレスバスと異なり，信号方向は CPU からその周辺装置，あるいはその逆も可能で，双方向性バスと呼ばれる。

CPU は，アドレスバスでアドレス指定し，データバスでデータ入出力を行う。このときの周辺装置の制御は次の項で述べる制御バスで行われる。命令を内部メモリへ書き込みする場合や命令フェッチの場合，も同様である。

このときデータバス幅が広いほど，一度に大きい情報量の情報を送受信できる。通常，データバス幅はデータ用レジスタビット幅と同じで，m ビット CPU と呼ばれる CPU では，データ用レジスタビット幅 m ビットで，データバス幅も m ビットである。

データ形式によってデータのビット長が異なるので，データ転送にバスを使う回数はデータ形式によって異なる。命令 1 語のビット長が命令によって異なる場合も，命令フェッチにバスを使う回数は命令によって異なる。

8.2.3 制御バス

制御バス（control bus）は，CPU が周辺を制御したり，CPU の周辺が CPU を制御したりするときの電気信号を伝達する線路である。

代表的制御バスを，日本語名称，英語名称，よく使われる論理記号，信号方向，の順に記してから説明する。（出）は CPU からの出力，（入）は CPU への入力，を表す。

〔1〕 **クロック**，clock，CLK，（出または入）

クロック発生器は，マイクロプロセッサ内蔵の場合と外付けの場合とがある。ここは 91 頁の〔2〕クロック発生器 を参照してください。

〔2〕 **読出し/書込み**，read/write，R/$\overline{\text{W}}$ または Read/$\overline{\text{Write}}$，（出）

CPU が Read 動作のときはハイレベル，Write 動作のときはローレベルである。

図 8.4 を用いて読出し/書込み動作を説明する。

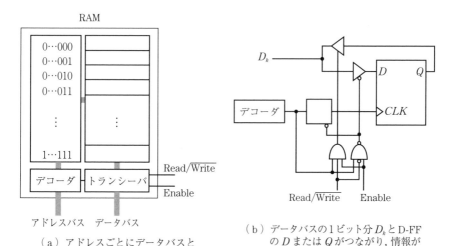

(a) アドレスごとにデータバスと情報がやり取りされる

(b) データバスの 1 ビット分 D_k と D-FF の D または Q がつながり，情報がやり取りされる

図 8.4　内部メモリとバスのつながり方法の概念図

図（a）は，RAM メモリ内にデータバスと同じビット幅の記憶素子列がアドレスごとにあり，メモリ内の各アドレスは，アドレスバスの信号がアドレス

デコーダで復号されて指定され，指定されたアドレスの記憶素子列は，Read/$\overline{\text{Write}}$ と Enable で制御されるトランシーバ（データ送受信部）によってデータバスにつながっていることを表す概念図である。

図（b）は，データバスのある桁のビット D_k と，あるメモリアドレスのD-FlipFlop 記憶素子との接続概念図である。

デコーダ出力端子＝0 あるいは Enable＝0 のどちらかであれば D_k と D-FlipFlop は遮断される。

デコーダ出力端子＝1 でしかも Enable＝1 であるとき，Read/$\overline{\text{Write}}$＝1 であれば，D_k と D は遮断され，Q は D_k に出力される。このとき CLK 信号は変化しない。

デコーダ出力端子＝1 でしかも Enable＝1 であるとき，Read/$\overline{\text{Write}}$＝0 であれば，D_k と Q は遮断され，D_k と D はつながる。このときデコーダと CLK 入力の間の中身空白のブロックは CLK 信号を発生し，D_k は CLK 信号に同期して記憶され Q に出力される。

ROM ではデータ送受信部はデータ送信部だけなので，Read/$\overline{\text{Write}}$ 制御バスは不要になる。Enable がローレベルのとき，メモリ内の記憶素子とデータバスは遮断になり，ハイレベルのとき，メモリ内の選ばれた記憶素子のデータ出力回路とデータバスはつながる。

図 8.5 に Enable が使われる例を示す。これは 24 ビット幅のアドレス空間を 2 分割して，それぞれのアドレス空間にアドレスバス幅 23 ビットの IC メモリを 1 個ずつ配置する例である。データバス幅は 16 ビットとし

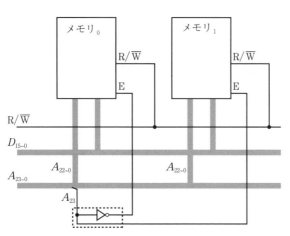

約 32 M バイトのアドレス空間が 2 分割され，それぞれに 2 つのメモリが配置されている

図 8.5 CPU からのバスと内部メモリの接続の例

ている。R/$\overline{\text{W}}$ は Read/$\overline{\text{Write}}$, E は Enable のことである。アドレス最上位 A_{23} がローレベルのとき,メモリ$_0$ は E＝1 となりデータバスにつながり,メモリ$_1$ の方は E＝0 となりデータバスから遮断される。また A_{23} がハイレベルのときは逆になる。

〔3〕 **リセット**, reset, $\overline{\text{Reset}}$,（入）

リセットはコンピュータシステムを初期化する機能のことで,コンピュータに電源が入ったとき,あるいはコンピュータがなんらかの障害で誤動作している場合に CPU とその周辺装置に対して使われる。これは,電源異常の電圧低下（電源が入ったときも含む）を検出してその検出装置によって行われる場合と,手動で行われる場合と,また,マイクロプロセッサの機種によっては,プログラム処理で無限ループなど異常状態に落ち込んだ場合,専用タイマや CPU 自身によって行われる場合とがある。

この機能を要求する制御信号線もリセットと呼ばれ,CPU とその周辺装置に対して使われる。この制御信号は,プログラム処理中は通常ハイレベルであるが,一度ローレベルになると CPU は処理を止め,それがハイレベルになるときある決まったしきい値に達すると,**リセットベクトル**と呼ばれるメモリアドレスの命令（最初の命令）からフェッチを再開始（リスタート）する。ただし,リスタートの前には CPU 内部に各種の初期設定が必要で,これが完了してからリスタートする。

コンピュータ周辺装置にもリセット機能付きのものがあり,リセットが必要なときはこの装置も異常になっている場合があるので,リセット信号は CPU に対してだけでなくこの装置にも伝えられなければならない。そのとき,周辺装置の初期化が済まない状態で先に CPU がリスタートしてはならないので,まず先に周辺装置が初期化され,その後で CPU がリスタートしなければならない。したがって CPU のリセット解除しきい値は,周辺装置のしきい値より少し高めになっている。

〔4〕 **マスク可能割込み**, maskable interrupt, $\overline{\text{INT}}$,（入）,および

　　　　マスク不能割込み, non maskable interrupt, $\overline{\text{NMI}}$,（入）

割込み機能には,ソフトウェアで**マスク**（mask）可能（割込みを無視でき

る）割込みと，マスク不能（割込みを無視できない）割込みとがある。これら割込み要求を CPU に知らせるための制御線もマスク可能割込み，マスク不能割込み，と呼ばれる。マスク可能割込みは単に割込みとも呼ばれる。マスク不能割込みはマスク可能割込みより優先度が高い[†]。これらの信号にはローレベルが使われる場合が多いが，ハイレベルで行われる場合や，立下りや立上りのエッジで行われる場合などもある。$\overline{\mathrm{INT}}$, $\overline{\mathrm{NMI}}$ は，ローレベルで割込み要求発生を知らせることを表している。

CPU がリセットされた後では割込みマスクが初期設定されている。マスク可能割込みを受け付けるためには，まずこのマスクを解除しておく必要がある。

割込み発生を知らせる信号があると，それに対応した**割込みフラグ**（interrupt flag）が CPU 内のある専用レジスタ内に立つようになっている。割込みフラグは 0 に初期設定されている。マスク可能割込みは，マスクされていなければ割込みフラグが立つと同時に CPU に受け付けられる。図 8.6 は割込みマスク INTMASK＝0 であり，また割込みフラグ INTFLAG＝1 のときだけマスク可能割込み受付け INTE＝1 になることを表す論理である。

INTMASK＝0 でありまた割込みフラグ INTFLAG＝1 のとき，マスク可能割込み受付け INTE＝1

図 8.6 割込み受付け論理

割込みが一旦受け付けられる（INTE＝1 になる）とある期間後**マスク**が自動的にかかり（INTMASK＝1 になり），次のマスク可能割込みが受け付けられないようになる。そしてそのとき処理していた命令を実行した後，その次の命令のアドレスを**スタックメモリ**に保管してからマスク可能割込み用の**割込みベクトル**（interrupt vector）の命令フェッチをする。

割込みルーチン内部では，割込みフラグを調べて割込み要求先を知り，その後，割込み要求が受け付けられたことを CPU に知らせるため割込みフラグを降ろす必要がある。これはプログラムで行われる。降ろさなければ，リターン命令で割込み前に戻ると再度同じ割込みが受け付けられてしまう。

[†] NMI の場合には，その要求信号に振動があると，最初の割込み処理が終わらないうちに次々と割込み要求が受け付けられて，スタック不足となり問題が生じることがあり要注意である。

割込み処理終了後はリターン命令実行で割込み前に戻る。通常このとき同時にマスク解除される。もしこれが行われない場合は，次にマスク可能割込み要求があっても受け付けられないので，プログラムで行う必要がある。

キーボードやマウスなどからの入力には（予測できない入力ではあるが電源異常ほどの緊急性はないので）通常の割込みが使われている。また，プリンタなどの出力装置からCPUに対するデータ要求も，（プリンタ性能により予測できないが緊急性はないので）通常の割込みが使われている。

停電など電源異常の非常事態の場合の対処にはNMIが使われる。停電で電圧が下がりだすとこれを検出してNMI割込みをかける。そして，必要なデータを補助記憶装置に保存するとか，補助電源につなぐとかの緊急処理を行う。人間の感覚では停電で電圧が下がるのは一瞬であるが，コンピュータからみれば，電圧が下がりだしてからでもこのような割込み処理を行うことはできるのである。

〔5〕 そ の 他

ウエイト，wait，$\overline{\text{Wait}}$，（入）

CPUにもう少しゆっくり処理してくれ，という要求線で，アクセスの遅いメモリやIO装置とデータのやり取りをするとき使われる。これをアクティブにすると，バス動作が遅くなる。

ホルト，halt，$\overline{\text{Halt}}$，（入）

これをアクティブにするとCPUは動作を止める。**デバグ**（debug）[†]時に使われることが多い。

8.3 各種レジスタ

レジスタの大まかな説明は **8.1 節** でしたので，ここではその続きを行う。

レジスタの個数や機能はCPUによって異なる。レジスタの機能をメモリ空間の一部に割り当てているCPUもある。以下の説明は，CPUの種類に依存しない基本的で共通なレジスタが対象である。

---

† デバグ：虫取り。ハードウェア，ソフトウェアの誤りを取り除くこと。

118   8. マイクロプロセッサのハードウェア

レジスタは通常，$R_1, R_2, R_3, \cdots$, STATUS, PC (program counter), SP (stack pointer) …のような名称で呼ばれ，それぞれ決まった機能をもつ．冷蔵庫，まな板，家計簿，さいふなどが，番号で管理されている何でも入る単なる物置棚ではないようなものである．これらは一時データ保管に使われる**汎用レジスタ**と，それ以外の特殊機能の専用レジスタに分かれる．以下，レジスタを汎用，専用に分けて説明する．

8.3.1 汎用レジスタ

データ転送では，データは必ず一時的に一度レジスタを経由する．またデータ加工（比較も含めて）では，レジスタに置かれたデータが ALU によって加工（比較も含めて）される．**汎用レジスタ**（general purpose register）はこのような使い方がされるレジスタのことである．内部メモリや I/O インタフェースを宅配便送り先に例えるなら，汎用レジスタは集配センターの荷物棚に相当するといえる．

汎用レジスタの中でも，特にあるレジスタがデータ処理作業の中心になる場合がある．そのようなレジスタは一般に**アキュムレータ**（accumulator）と呼ばれている．これはデータ処理における中心作業テーブルに相当する．

データの入れ物の名前は**変数**（variable）や定数と呼ばれるので，レジスタの名前 R_1 などは変数である．またメモリアドレスの代わりに文字を使った識別子（identifier）も変数である．これらを使うと，例えば数値1を識別子 data_0 で表したあるアドレスのメモリへ入れるプログラムは，C 言語などのプログラミング言語では単に

  data_0 = 1

と書かれるだけでレジスタは見えないが，命令セットの転送命令では，例えば

 (1) $R_1 = 1$ （数値1をレジスタ R_1 に代入せよ）

 (2) data_0 = R_1 （R_1 の内容を data_0 のアドレスのメモリに代入せよ）

のように表現できてレジスタ経由になることがわかる．ここで，= は**代入演算子**である．

また変数同士の加算では，変数の片方または両方のデータがレジスタに転送

されてから，これらレジスタとALUとを用いて行われる。

8.3.2 専用レジスタ

命令実行後の，データ状態やシステム状況，を記録するレジスタは**専用レジスタ**（special function register）と呼ばれる。以下に代表的な専用レジスタを説明する。

〔1〕 **ステータスレジスタ**（status register）

ステータスレジスタは主にCPUの命令実行後のデータの状態，例えば整数としての正負，データの最上位からの桁上がり，オーバーフローなどを表示するレジスタである。CPUによっては，システムの状態，例えば割込み要求の状態なども表示する。これらの状態はそれぞれ1ビットで表示される。その各ビットは**フラグ**（flag）と（単にビットとも）呼ばれ，フラグが1になることは「フラグが立つ」とも呼ばれる[†]。

状態によって分岐先を決める分岐命令などをCPUが実行するとき，このレジスタを参照する。

以下，このレジスタの代表的な状態表示用ビットについて説明する。

● **ゼロフラグ**（zero flag）（ゼロビットとも呼ばれる。以下同様フラグはビットとも呼ばれる）

命令処理後のデータがゼロであることを表すビット。ゼロであるとき1，ゼロでないときは0，がセットされる。このフラグが1になることはゼロフラグが立つとも呼ばれる。

● **オーバーフローフラグ**（over flow flag）

演算結果が2の補数で表現できる数（整数）範囲を超えているとき1，そうでないときは0，がセットされる。以下に，演算用レジスタが8-bitの場合でオーバーフローする2例（オーバーフローフラグをVとおく）。

＜例1＞
　　$0111\ 1111_b + 0000\ 0001_b = 1000\ 0000_b (V=1)$

[†] このレジスタはflag registerとかcondition code registerと呼ばれる場合もある。

$127_d + 1$ の結果は 8-bit 整数型数の範囲を超えている。

<例 2>

$1000\ 0000_b + 1111\ 1111_b = 0111\ 1111_b (V=1)$

$-128_d + (-1)$ の結果は 8-bit 整数型数の範囲を超えている。

● **キャリーフラグ**（carry flag）

演算で最上位ビット[†]から桁上りが生じた場合 1 がセットされる。そうでないときは 0 がセットされる。以下に，演算用レジスタが 8-bit の場合のキャリーフラグが立つ場合，立たない場合の例（キャリーフラグを C とおく）。

<例 1>

$0000\ 0010_b + 1111\ 1111_b = 0000\ 0001_b (C=1)$

絶対値型数の場合では，$2 + 255_d = 1$

整数型数の場合では，$2 + (-1) = 1$

このとき，最上位ビットから桁上りがある（C=1）。

<例 2>

$0000\ 0001_b + 1111\ 1110_b = 1111\ 1111_b (C=0)$

絶対値型数の場合では，$1 + 254_d = 255_d$

整数型数の場合では，$1 + (-2) = -1$

このとき，どちらの場合も最上位ビットから桁上りなし（C=0）。このように減算では結果が負の場合 C=0 になり，（0 を含めて）正のとき C=1 になる。

● **ハーフキャリーフラグ**（half-carry flag）

演算で，ビット 3 の桁から桁上りが生じる場合 1，そうでないときは 0，がセットされる。BCD 変換時，このビットを参照する。正の数の 4-bit の BCD 同士の加算結果では（ハーフキャリーフラグを HC とおくと）以下のようになる（**表** 8.1）。

<例 1>

加算結果が，$0000_b \sim 1001_b (0 \sim 9)$ の場合 HC=0。この場合，結果に $+0110_b$ しても HC=0。この場合の BCD は $0000_b \sim 1001_b (0 \sim 9)$ である。

<例 2>

加算結果が，$1010_b \sim 1111_b (10_d \sim 15_d)$ の場合 HC=0。この場合，結果に +

[†] 一般用語としてのキャリーは，同じ桁の加算で生じる桁上り（繰上り）のこと。

8.3 各種レジスタ   121

表8.1 下4ビットの加算結果のBCD変換例

BCD下4ビットの加算結果	HC	加算結果+0110	+0110したときのHC	BCD下4ビットの加算結果のBCD
$0\ 0000_b \sim 0\ 1001_b$	$0 \sim 9_d$	0	$0\ 0110_b \sim 0\ 1111_b$	0	$0\ 0000_b \sim 0\ 1001_b$
$0\ 1010_b \sim 0\ 1111_b$	$10_d \sim 15_d$	0	$1\ 0000_b \sim 1\ 0101_b$	1	$1\ 0000_b \sim 1\ 0101_b$
$1\ 0000_b \sim 1\ 0010_b$	$16_d \sim 18_d$	1	$1\ 0110_b \sim 1\ 1000_b$	0	$1\ 0110_b \sim 1\ 1000_b$

上段は<例1>,中段は<例2>,下段は<例3>の場合.

0110_b すると $0000_b \sim 0101_b (0 \sim 5)$ と HC=1 となる.この場合の BCD は,HC=1 と下位 4-bit で $0001\ 0000_b \sim 0001\ 0101_b (10_d \sim 15_d \text{の BCD})$ と変換される(**表8.1 参照**).

<例3>

4-bit の BCD 同士の加算結果が 5-bit の $1\ 0000_b \sim 1\ 0010_b (16_d \sim 18_d)$ になる場合 HC=1(4-bit BCD の最大は 9 なので 4-bit BCD の加算結果の最大は $9+9=18_d$).結果の下位 4bit は $0000_b \sim 0010_b (0 \sim 2)$ である.この場合の BCD は,下位 4-bit の結果に $+0110_b$ した結果 $0110_b \sim 1000_b (6 \sim 8)$ と HC=1 とから,$0001\ 0110_b \sim 0001\ 1000_b (16_d \sim 18_d \text{の BCD})$ に変換される.

〔2〕 **プログラムカウンタ**

プログラムカウンタレジスタは次にフェッチされる命令のアドレスが入っているレジスタである.これは,通常単に**プログラムカウンタ**(program counter)と呼ばれ,短縮形 **PC** で表される.命令フェッチでは PC の内容がアドレスバスに出力されることで命令のアドレスが指定される.

PC の内容が決まる基本は

命令フェッチ後 PC の内容は,無条件に

  PC = PC + 1

となる(PC の内容に 1 加算して PC に入れよ.等号をこの〔2〕と以下の〔3〕,〔4〕では代入演算子として使っている).フェッチした命令が,解読後に命令の一部分であることがわかれば,続きをフェッチし PC=PC+1 を繰り返す.解読後,命令 1 語全体がフェッチされたことがわかればその命令実行に移る.

フェッチした命令が分岐命令の場合では,CPU は分岐命令を実行することで

  PC = 分岐先アドレス

を行い PC の内容は分岐先アドレスに書き換えられる．これで次のフェッチステージで分岐先の命令をフェッチすることができる．

サブルーチンへの分岐命令（呼出し命令）を実行するときは，CPU はその命令実行で PC の内容をまずスタックへ保存してから

　　　　PC＝サブルーチン先頭アドレス

を行うことで PC の内容はサブルーチン先頭アドレに書き換えられる．これで次のフェッチステージでサブルーチン先頭命令をフェッチすることができる．また，サブルーチンからのリターン命令実行では，CPU は

　　　　PC＝上記でスタックへ保存したアドレス

を行うことでサブルーチン呼出し命令の続きへ戻ることができる．

　割込みが発生しそれを CPU が受け付けたときは，CPU は，そのとき実行していた命令実行後，マスクをセットし，そのときの PC をスタックへ保存してから強制的に

　　　　PC＝**割込みベクトル**

とすることで**割込みルーチン**先頭命令をフェッチすることができる．また CPU は，割込みプログラムからのリターン命令実行で

　　　　PC＝上記でスタックへ保存した
　　　　　　アドレス

とすることで割込みを受けて中段したプログラムに戻ることができる．

　リセットがかかりリスタートするときは，強制的に

　　　　PC＝**リセットベクトル**

となる．

　内部メモリは，プログラムコード領域，変数や定数のデータ領域，スタック領域に分けることができる．プログラムカウンタレジスタはプログラムコード領

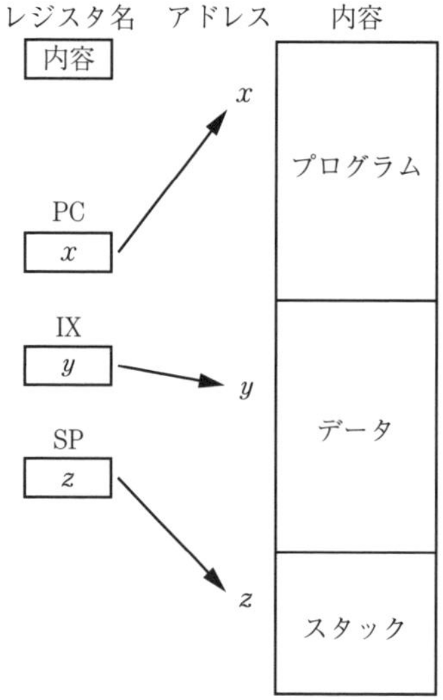

図 8.7　レジスタ PC, IX, SP はそれぞれプログラム領域，データ領域，スタック領域のアドレス指定を行う

域のアドレスを指すもの：**ポインタ**（pointer）である（**図**8.7）。

〔3〕 **インデックスレジスタ**（index register, IX）

インデックスレジスタはメモリアドレスを指示するもので，レジスタにはアドレスが入っている（**図**8.7のIX参照）。これはデータを入れるレジスタ（汎用レジスタ）ではない。このレジスタは，プログラミング言語における**ポインタ**に相当する。

メモリアドレス空間で指標（index）としたいアドレスをこのレジスタに入れる。データ転送命令などにおいてアドレス指定するとき，アドレスを直接使う代わりにこのレジスタを間接的に使う。

<例>

変数 data_0 はアドレス y のメモリであると定義されているとする。このときアドレス y をインデックスレジスタ IX に入れておけば，data_0 のメモリアドレスは例えば C 言語のように *IX のように表現するとき，例えば値 1 を data_0 に入れるとき，data_0 を直接使う代わりに次のように表現できる。

*IX=1 （IX が指示するアドレスのメモリに値 1 を代入せよ）

〔4〕 **スタックポインタ**（stack pointer, SP）

スタックポインタレジスタは，スタック領域のアドレスを指示するもので，レジスタにはアドレスが入っている（**図**8.7のSP参照）。これもデータを入れるレジスタ（汎用レジスタ）ではない。通常は単にスタックポインタと呼ばれ，短縮語SPで表される。スタックメモリはスタックポインタを用いたある特殊な方式でアクセスされる。以下その説明をする。

SPの内容は，最後に保管した情報（あるいは次に取り出す情報）のスタックアドレスである（**図**8.8（a））。次のスタックへの情報積込みは，まずSP＝SP－1をしてから，SPの指すアドレスに対して行われる（**図**8.8（b）参照）。この命令は**プッシュ**（PUSH）と呼ばれる。

この命令は，プログラムによって行われる場合とCPUによって自動的に行われる場合とがある。以下，命令セットのPUSH, POP命令を用いた例を記す。

<例1>

PUSH　　PC　（SP＝SP－1, memory$_{SP}$＝PC），（SP＝SP－1をしてからSPが

124　8. マイクロプロセッサのハードウェア

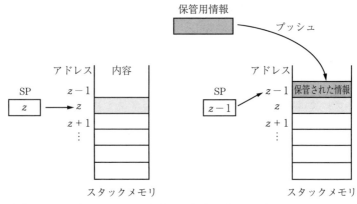

（a）SPは最後にプッシュした情報　（b）プッシュは，SP＝SP−1のSP
　　（あるいは次にポップする情報）　　　　が指すアドレスへ行われる
　　のアドレスを指している

図8.8　スタッフメモリへのアクセス

指示するアドレスのメモリへPCの内容を入れよ）
　この命令はプログラムで使われたり，CPUがサブルーチン呼出し命令を実行するときや，またCPUが割込み受付けして割込みルーチン開始する前には，CPUによって自動的に実行される。
　PCの保存に2つのアドレスが必要な場合は，保存を半分ずつ2回に分けて行い，SP＝SP−1は2回行われる。
　スタックからの情報の取り出しは，SPがポイントしているアドレスに対して行われる（図8.9（a））。これが行われると，SP＝SP＋1になる（図（b））。この命令は**ポップ**（POP）またはプル（PULL）と呼ばれる。この命令も，プログラムによって行われる場合と，CPUによって自動的に行われる場合とがある。

＜例2＞
　　POP　　PC　（PC＝memory$_{SP}$,SP＝SP＋1），（SPが指示するアドレスのメモリの内容をPCへ入れてからSP＝SP＋1をせよ）
　この命令はプログラムで使われたり，CPUがサブルーチンリターン命令や割込みリターン命令を実行するときは，CPUによって自動的にこの命令が実行されサブルーチンを呼び出し元に戻ることや，割込みによる中断された処理の再開ができる。

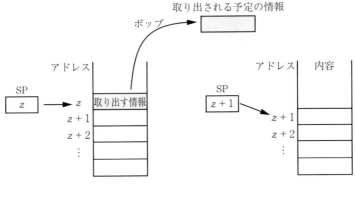

図8.9 スタックからの情報の取り出し

スタックのこのような操作は，**後入れ先出し**（LIFO：last in first out）と呼ばれる。スタック領域に情報をプッシュしポップすると再度ポップで読み出すことはできない。しかし，プッシュ，ポップするとその情報用メモリは解放される（次のプッシュにはどんな型の情報でもよい）ので，情報を常に残しておかなくてもよい場合には，この方法[†]はメモリの利用効率がよい。

しかし，スタック操作ではアドレス指定してメモリ確保するのではないので，むやみにプッシュすると知らないうちにスタック領域を超えてしまい，コンピュータが正常動作できなくなるので注意がいる。

スタックがメインメモリ内に配置される場合，リセット後のプログラム処理開始ですぐにしなければならないことは，このスタックメモリ領域をメインメモリ内で設定し，その最大アドレス+1をSPに入れることである。ただし，スタックがCPUに内蔵されていてメインメモリと独立している場合，これは必要ない。

[†] C言語の関数内の動的と呼ばれる変数はこの方法でスタックにおかれている。

8章の演習問題

（1） マイクロプロセッサ内部のハードウェア基本構成要素のうち，適当に3つ選んでそれぞれの名称を書き，機能を簡単に1〜2行程度で述べよ。

（2） マスクできる割込みとできない割込みについて，また，それらの目的または用途についてを簡単に述べよ。

（3） コンピュータのクロック周波数が上がるほど，(a)消費電力が増えるわけを述べよ（5章「基本論理回路」を参考にせよ）。また周波数が高くなると発熱もするが，(b)他にどのような注意すべきことがあるか。

（4） あるメモリが9ビット幅のアドレスと8ビット幅のデータでアクセスできるようにつくられている，とする。
(a)このメモリのアドレス総数は何個か。
(b)このメモリのアドレス空間を半分に分けた場合，それぞれのアドレス範囲を2進数と10進数とで表せ。
(c)このメモリの1アドレス当たり保存できる情報量は何ビットか。
(d)このメモリ全体で保存できる情報量は何ビットか。

（5） プロセッサ内の以下のものについて目的または用途を簡単に2〜3行程度で述べよ。
(a)汎用レジスタ　(b)専用レジスタ

（6） プロセッサのレジスタ内の以下のものについて目的または用途を簡単に1〜2行程度で述べよ。
(a)PC（プログラムカウンタ）　(b)SP（スタックポインタ）
(c)IX（インデックスレジスタ）

（7） (a)リセットがかかるとPCの内容は何になるか。(b)割込みが受け付けられたとき，PCの内容はどのように扱われるか述べよ。

（8） 整数を8ビットの2の補数2進数で表すとするとき，次の計算をしたときSTATUSのZ（Zero flag），C（Carry flag），V（Overflow flag）はどうなるか。
(a)$1111\ 1110_b + 0000\ 0001_b$　(b)$1111\ 1110_b + 0000\ 0010_b$
(c)$0111\ 1111_b + 0000\ 0001_b$

（9） プロセッサ内で減算が負数の加算で行われるとき，STATUSレジスタにマイナスフラグがなくても正負状態が分かるわけを述べよ。

（10） 後入れ先出しと呼ばれるスタック操作を簡単に1〜2行程度で述べよ。

（11） 情報保管にスタック領域を使う場合とデータメモリ領域を使う場合との違いを述べよ。

9 命令セットとプログラム

本章では，命令1語の構成とプログラムの構成について説明する。命令は，その意味を表す英語やその省略語で表されるが，コンピュータ内部ではこれらはハイレベル，ローレベルの電圧の組合せである。

9.1 命令セットとアドレッシング

どのような CPU の命令セットも大まかに4つ，データ転送命令，算術論理演算命令，分岐命令，システム制御命令，に分類できる。ここでは，これらの命令をアドレッシングというもので再分類し，それぞれ説明する[†]。

命令1語は**表9.1**のように構成される。命令1語のコードは「何々を」「どうせよ」の構成をとっている。「どうせよ」つまり

表9.1 命令1語のコード構成

opcode	operand

操作，を表すコードは**オペレーションコード**（operation code），略して**オペコード**（opcode）と呼ばれる。また，「何々を」つまり操作対象のコードは**オペランド**（operand）と呼ばれる。オペランド領域には，レジスタの名称，内部メモリのアドレス，あるいはデータやアドレスそのものが書かれ，これらオペランドの個数は決まっていない。

オペコード，オペランドがそれぞれディジタルコードで表されて命令1語のマシン語となり，その2進コードは**表9.1**に対応して，上位にオペコードのコード，下位にオペランドのコードで構成される。オペランドが複数の場合，それらの順番は CPU によって異なる場合がある。マシン語1語のビット長は，CPU により一定の場合もあり一定でない場合もある。

命令の操作対象の指定方法を**アドレッシング**（addressing）と呼んでいる。「どこの何と」「どこの何とを」使った結果を「どこに」のように，オペランド

[†] 具体的な例は10章にある。

個数は，多ければ複雑な命令が構成できるが，命令語長が長くなる。ここでは**オペランドは2個以内**としている。

アドレッシングの説明方法には，データの流れ方向に矢印 → または ← を使うなど各種あるが，本節では，オペランドの情報の入れ物（識別子）を変数として，コンピュータプログラミング言語でも使われる代数式を使って行う。このとき使う「＝」記号は**代入演算子**（assignment operator）と呼ばれるもので，右辺の値，または変数からその値，を左辺の変数に入れよ，の意味で，代数学の代数式における等価記号（equal sign）ではない。具体的な命令セットのアドレッシングを，アセンブリ言語を使って10.4節で再度説明する。

CPUの基本的アドレッシングは，一般に以下のように6種類で説明できる。ここではCPUを特定しない。以下，レジスタを $R_1, R_2, R_3, \cdots$ とし，ある2つのメモリアドレスを識別子（ラベル）x, y で表し，これらを変数とする。

〔1〕 **直接**（direct）**アドレッシング**

このアドレッシングは，メモリアドレスとレジスタ，またはレジスタとレジスタを直接オペランドで指定するアドレッシングのことである（**表9.2**）。オペランドには少なくとも片方にはレジスタが使われる。

表9.2 直接アドレッシング

opcode	operand
データ転送命令	レジスタ（データ用），アドレス（データ用）または，逆順番
データ転送命令	レジスタ（データ用），レジスタ（データ用）
算術論理演算命令	レジスタ（データ用），アドレス（データ用）
算術論理演算命令	レジスタ（データ用），レジスタ（データ用）

●2つのオペランド間のデータ転送方向はCPUによって異なる場合がある。

このアドレッシングでのデータ転送命令実行の様子を**図9.1**に示す。これを変数を使って＜例1＞に示す。

＜例1＞
　　x＝R1　　（R1の内容をxに代入せよ）
　　R1＝x　　（xの内容をR1に代入せよ）
　　R2＝R1　　（R1の内容をR2に代入せよ）
これら2変数のコードでオペランドが構成される。

（a）R_n と xxxx でレジスタとメモリの場所を指定してデータ転送する直接アドレッシング　（b）R_{n-1} と R_n でレジスタを指定してデータ転送する直接アドレッシング

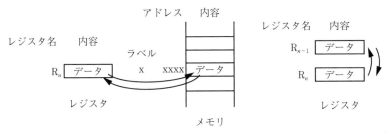

図 9.1 直接アドレッシングでのデータ転送

メモリ内でのデータ転送は直接できないので，次の<例 2>の 2 行のようにレジスタ経由で行われる。行先頭番号は単なる行番号。

<**例 2**>

```
1    R1=x    (x の内容を R1 に代入せよ)
2    y=R1    (R1 の内容を y に代入せよ)
```

直接アドレッシングでの算術論理演算命令では，例えば　<例 3>のように，オペランドに 2 つのレジスタ，またはレジスタとメモリアドレスが書かれる。演算結果はメモリよりもレジスタに残る場合が多い。

<**例 3**>

```
R1=R1+R2    (R1,R2 の内容同士を加算してその結果を R1 に代入せよ)
R1=R1+x     (R1,x の内容同士を加算してその結果を R1 に代入せよ)
```

これら 2 変数のコードがオペランドに入る。オペランド内でのこれらのコードの順番は CPU によって異なる場合がある。

〔2〕 間接（indirect）アドレッシング

レジスタにデータではなくアドレスを入れて，このレジスタで対象データのアドレス指定に使うことができるレジスタもある。間接アドレッシングは，このレジスタでアドレス指定するアドレッシングのことである。このアドレッシングの**表 9.3** のオペランドに書かれたレジスタの片方はアドレス用である。

このレジスタはアドレス指定するときの**ポインタ**として使われる。C 言語のポインタはこのレジスタのことである。

図 9.2 では，インデックスレジスタ IX をメモリアドレスのポインタとして

9. 命令セットとプログラム

表9.3 間接アドレッシング

opcode	operand
データ転送命令	レジスタ（データ用），レジスタ（アドレス用）
算術論理演算命令	レジスタ（データ用），レジスタ（アドレス用）

●一方のレジスタはアドレス用である。

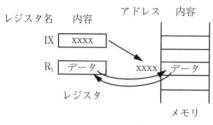

レジスタ IX はデータ転送先または転送元のメモリアドレス用。レジスタ R_1 はデータ用

図9.2 間接アドレッシングでのデータ転送

使っている場合である。このポインタの内容はデータ送り元のメモリアドレスまたはデータ送り先のメモリアドレスである。

＜例1＞

```
*IX=R1
```
（R1の内容を IX の内容をアドレスとするメモリに代入せよ）

```
R1=*IX
```
（上の逆）

算術論理演算命令では，演算対象データの場所または演算結果送り先を，そのメモリアドレスを内容としてもつレジスタ（ポインタ）で指定する。

＜例2＞

```
R1=*IX+R1
```
（IXの内容をアドレスとするメモリのデータとR1のデータとを加算してその結果をR1に代入せよ）

IXの値を連続的に変えると命令を変えずにメモリ上の連続したアドレスを扱うことができるので，間接アドレッシングは，データテーブル（配列）になったデータを連続的に扱うような場合に便利である。以下の＜例3＞に，あらかじめ，転送用データ，転送先先頭アドレス，転送先最終アドレス+1が R_1, IX, ユーザー定義の変数 IXmax にそれぞれ設定してあるとして，R_1 のデータをこの転送先に転送する場合を示す。

＜例3＞

```
1    *IX=R1
2    IX=IX+1
3    GOTO 1 IF IX  <  IXmax
```
（IX ＜ IXmax なら1へ分岐せよ）

〔3〕 **イミーディエイト**（immediate 即値）**アドレッシング**または，
リテラル（literal 直訳）**アドレッシング**

対象データがオペランド内に直接書かれるアドレッシングのことである（**表9.4**）。通常，データ送り先がオペコード内で，データ処理の中心になるアキュムレータと呼ばれるレジスタに暗黙的あるいは明示的に指定されているため，オペランドでは対象データの数値コードだけが直接書かれる。

表9.4 イミーディエイトアドレッシング

opcode	operand
データ転送命令	転送データ
算術論理演算命令	演算用データ

●対象データだけがオペランド内に直接書かれる。

<例1>
　　W＝1　　　（Wに1を代入せよ）

WはWorking Registerで，一般にアキュムレータと呼ばれるレジスタ。通常これがオペコード内で暗黙的に指定されているので，オペランドには1が書かれるだけである。

このアドレッシングのデータ転送は定数の代入や初期値の設定に使われる。以下の<例2>はメモリ変数xを初期値1に設定する場合。

<例2>
　　1　　W＝1
　　2　　x＝W

以下の<例3>はこのアドレッシングによる定数加算の場合。

<例3>
　　W＝W＋10_d　（Wに定数10_dを加算してWに代入せよ）

〔4〕 **絶対**（absolute）**アドレッシング**

これは通常，分岐命令において使われる用語で，分岐先メモリアドレスがオペランドに直接書かれるアドレッシングである。通常，オペランドには分岐条件も書かれる（**表9.5**）。分岐条件がない場合もある。また，分岐条件がオペコードに含まれている場合もある。

以下の2例は，オペランドには分岐先アドレスと条件がある場合と条件がな

表 9.5　絶対アドレッシング

opcode	operand
分岐命令	分岐条件，アドレス（分岐先）

●分岐条件がない場合，あるいはオペコードに分岐条件がある場合もある．

い場合である．PCの内容は命令をフェッチしたときに次の命令のアドレスにセットされるので，分岐命令実行は分岐先アドレスでPCの内容を上書きする．

＜例1＞

　　GOTO loop IF ZERO

（結果がゼロならPCをloopで標識されたアドレスで上書き，そうでなければPCをそのままにせよ（つまり続きを続行せよ）．CPUはこれを実行するときステータスのゼロフラグを参照する．）

＜例2＞

　　CALL sub_x

（PCをスタックへ退避させてから，PCをsub_xで標識されたサブルーチン先頭アドレスで上書きせよ）

〔5〕 **PC（プログラムカウンタ）相対（relative）アドレッシング**

PC相対アドレッシングは，通常，分岐命令において使われる用語で，分岐先をPCの内容を基に分岐先アドレスまでの相対値で指定する方法である．通常，オペランドには分岐条件も書かれる（**表 9.6**）．分岐先アドレスまでの相対値は

　　（分岐先アドレス）−（PCの内容）

となる．この数は2の補数形式である．

表 9.6　PC相対アドレッシング

opcode	operand
分岐命令	分岐条件，（分岐先アドレス）−（PCの内容）

●分岐条件がない場合，あるいはオペコードに分岐条件がある場合もある．

PC相対アドレッシングは，プログラムをアドレス空間のどこに配置しても分岐が正常に行われるので，便利な方法である[†]．ただし，このアドレッシン

[†]　このことをposition independentと呼ぶ．

グの命令の実行は絶対アドレッシングの場合と比べて，相対アドレスを使って分岐先を計算する分だけ時間が余分にかかる．

〔6〕 **暗黙**（implicit（または，implied））**アドレッシング**

オペコード内に操作対象が入っているか，またはオペランドが不要な命令におけるアドレッシング（**表**9.7）．

表9.7 暗黙アドレッシング

opcode	operand
命令	

●オペランドをもたない場合．

＜例1＞
　　SLEEP　　　（プログラム処理停止して，省電力モードにせよ）
＜例2＞
　　NOP　　　　（no operation：プログラム処理は止まらないがこの命令では何もするな）

以上のアドレッシングは基本的なものだけで，実際にはプロセッサによってもっといろいろなものがある．

9.2 アセンブリ言語

9.2.1 はじめに

マシン語のオペコード，オペランドは，ディジタルコードではわかりにくいので，通常，その意味を表す英語やその省略語で表される．これをそのまま1命令語として使うコンピュータプログラミング言語が**アセンブリ言語**（assembly language）である．

C言語などの1命令は，命令セットのいくつかの命令の組合せになっており，1命令で内容が多い情報処理を行わせることができる．一方，アセンブリ言語の1命令は最小単位の基本的命令なので，この言語の1命令はC言語などと比べると抽象度が低いといえる．このことからC言語などは高級言語，アセンブリ言語は低級言語と呼ばれている．しかしC言語などでは，その言語の1命令がレジスタ，内部メモリなどとどのような関係にあるのかがほとん

ど分からない。そのため，プロセッサの動作を確認する必要がある場合やプログラムの最適化[†]を行う場合には，アセンブリ言語に一旦翻訳される。

この言語でつくられたプログラムはアセンブリソースコードと（あるいはアセンブリソース，アセンブリコードとも）呼ばれる。これは文章作成ソフトウェアでつくることも，またアセンブラでつくることもできる。

アセンブラ（assembler）はアセンブリコードをマシンコードに直し，それを内部メモリに入れて，そのプログラム処理をプロセッサに行わせる，までをすることができるソフトウェアのことである。アセンブラでアセンブリソースコードをマシンコードに直すことは，アセンブルと呼ばれる。

アセンブリ言語はアセンブラあるいはプロセッサによって方言があるが，命令セットはプロセッサによって大差ないといえる。ここでは，PIC 用アセンブラで使われているアセンブリ言語を概説する。PIC については 10 章で述べる。

アセンブリ言語によって，命令1語のオペコード，オペランドを簡単に表現でき，また，マシン語でのプログラム構成を分かりやすく表現できる。そのためここでアセンブリ言語を説明する。

9.2.2　語　　　彙

アセンブリ言語の語彙は（1）ニーモニック，（2）擬似命令，（3）その他予約語，（4）ラベル，に分類できる。これらには英語キャラクタが使われ，ユーザーは分かりやすいように大文字，小文字を使い分けることができるが，アセンブラには区別されない場合がある。

なおこれらはプログラムコードとして使われる単語で，コメントで使われるその他の単語はアセンブリ言語の語彙には含めない。

〔1〕　**ニーモニック**（mnemonic）

命令セットの命令のオペコードを表す省略語。CPU 機種に依存する。以下に**表**9.8 の命令セットの命令のニーモニック（**PIC**[††]のニーモニックの一部）

[†] C 言語などでは必ずしもプログラムの最適化がされているとは限らない。最適化を行うことで，プログラム処理速度が数倍から 10 倍ほど上る場合もある。
[††] Microchip 社のシングルチップコンピュータ Peripheral Interface Controller の略。10 章参照。

表9.8 命令セット例

データ転送	算術論理演算	分岐	システム制御
MOVE	ADD	SKIP	SLEEP
CLEAR	SUBTRACT	CALL	NO OPERATION
BITSET	INCREMENT	GOTO	
BITCLEAR	DECREMENT	RETURN	
SWAP	AND		
	INCLUSIVE OR		
	EXCLUSIVE OR		
	COMPLEMENT		
	ROTATE LEFT		
	ROTATE RIGHT		

● PICの命令セット例（ここにはアドレッシングは考慮されていない）。

を示す。10章でPICのニーモニック全体を説明する。

< ニーモニック例 >

```
MOVF  (move file)
CLRF  (clear file)
BSF   (bit set file)
ADDWF (add w and file)
INCF  (increment file)
ANDWF (logical-and w with file)
INCFSZ(increment file skip if zero)
   ⋮
```

（2） **擬似命令**（directive）

アセンブラ組込み命令で，アセンブラに対する命令である。おもに変数定義やプログラムのアドレス管理を行う。

基本的にはオペコード領域に省略語で書かれるが，オペコード領域に関係なく書かれる擬似命令もある。アセンブルするときにアセンブラに対して使われる。CPUに対する命令ではない。

< 擬似命令例 >

```
EQU  (equal)   アセンブル時この単語の左辺を右辺で置き換えよ。
ORG  (origin)  右辺の数を以下からのマシン語の先頭アドレスとせよ。
MACRO          マクロ命令を定義せよ。
END            この行までをアセンブルせよ。
```

⋮

主要な擬似命令の説明は9.2.4項でする。

(3) その他の予約記号

擬似命令のオペランドで使われるもの。

< その他の予約記号例 >

```
+        加算
-        負数にする，または減算
*        積
/        商
&        ビットごとのAND
|        ビットごとのOR
~        ビットごとのNOT（1の補数にする）
^        ビットごとのexclusive OR
' '      '0'    :0のASCIIコード（30_h）の意味
d' '     d'nn'  :decimal digit nn_d の意味
h' '     h'nn'  :hexadecimal digit nn_h の意味
b' '     b'nn'  :binary digit nnb_b の意味
0x       0xnn   :hexadecimal digit nn_h の意味
```
⋮

(4) ラベル (label) またはシンボル (symbol)

ラベルまたはシンボルは定数，変数，プログラム内のアドレスの標識などを表す**ユーザー定義の単語**で，これにはプログラムを分かりやすくするため適切な名前を与えることが大切である。以下ではラベルという言葉で統一する[†]。

アセンブリ言語では，同じラベルで別のことを定義することはできない，また，命令セット，擬似命令の予約語，その他予約記号をラベルに使うことはできない，空白をラベル文字列内に入れることはできない。本書では以下，命令，レジスタなどCPU固有の名詞は大文字で，ラベルは小文字で表すことを基本とする。

< ラベル例 >

```
    minus1    EQU    -1
```

---

† C言語などでは識別子（identifier）と呼ばれている。

(ラベル minus1 を -1（8ビットデータなら FF$_h$）とおく)
```
data_x    EQU    h'20'
```
(ラベル data_x という変数名でアドレス 20$_h$ のメモリを確保する)
```
sub1    あるサブルーチン先頭命令
```
(ラベル sub1 を，あるサブルーチン先頭命令の行の標識名とする)

9.2.3　構　　　文

アセンブリ言語での命令文の単位は1行である。この1行がマシン語1語に対応している。行の終わりは改行である。

アセンブリ言語の命令1行は，通常，行先頭から

ラベル　オペコード　オペランド　コメント

の順に，それぞれを空白（またはタブ）で区切って書かれる。空白は区切りとして使われる。ラベルとオペコードは「コロン」で区切ってもよい。オペランドが複数の場合の区切りには「カンマ」が使われる。

ソースコードを見やすくするため，区切りにおける空白は任意個数，また空白行は何行あってもかまわない，アセンブラはこれを無視する。

プログラム内のラベルは必要がなければなくてよい。

コメントはアセンブルのときは無視されるが，ユーザーにソースコードを解りやすくするため必要である。

9.2.4　擬　似　命　令

擬似命令の多くは，定数，変数などを定義する定義文で使われる。定義文はプログラム開始前に書かれ，ヘッダと呼ばれる。以下，主要と思われる擬似命令だけ説明する。

（1）　**EQU**

equal の省略語。この右辺の数は変化しない定数値で，その値をこの左辺に書かれたラベルとせよ，の意味。このラベルは定数値として，または変数値を入れるメモリアドレスとして使われる。つまり，このラベルは定数，変数として使われる。ソースプログラム開始前の定義文で使う。

アセンブリ言語で書かれたソースに EQU で定義されたラベルがあると，ア

センブルのとき，それはすべて定義文右辺の数に直される。

＜例1＞
```
    bel     EQU     7
```
プログラム内で bel と書けば，アセンブル時 bel は 7 に置き換えられる。bel を定数として使うとき，7 は定数値でデータ用のメモリアドレスではない。

＜例2＞
```
    a       EQU     0x20
```
プログラム内で a と書けば，アセンブル時 a は 20_h に置き換えられる。a を変数として使うとき，a は 20_h をアドレスとするメモリの意味になり，変化できるデータがこのメモリに入る。

（2） **CBLOCK**

constant block の意味。この右辺には数が書かれる。ソースプログラムの開始前の定義文で使う。説明は例を参照。この命令の終わりを意味する命令は ENDC である。

＜例＞
```
            CBLOCK 0x21     ;cblock命令で指定する数の先頭を指定。
    x                       ;X equ 0x21 の意味
    y                       ;Y equ 0x22
    z                       ;Z equ 0x23
            ENDC            ;cblock命令の終わり
```
これらのラベル x,y,z は定数として，または変数として使われる。ソースプログラムにこれら x,y,z のラベルがあると，マシン語に直されるとき，それらはすべてコメントに書かれた数字に直される。

CBLOCK と ENDC で囲まれた内部のラベルは行内の先頭位置をどこにしてもよい。また，次のようにラベルをカンマ区切りで続けて書いても同じことである。
```
            CBLOCK 0x21     ;cblock命令で指定する数の先頭。
    x,y,z
            ENDC
```
ラベルの後，コロンに続けて数を書くと，その数を個数とするアドレス分が確保される。例えば上の例では以下になる。
```
    x:2                     この場合，x のラベルで 0x21,0x22 が確保される。
```

（3） MACRO

macro instruction（マクロ命令）の意味。マクロ（またはマクロ命令）とは，単純な命令セットを複数個使って作られたより複雑な命令のことである。ソースプログラム開始前の定義文で使う。

MACRO の左辺に書かれたラベルを，次の行から書かれたプログラムのマクロ命令とし，MACRO の右辺をそのプログラムの引数とせよ，の意味。引数が不要ならこの右辺は空白。この擬似命令の終わりを意味する擬似命令は ENDM である。

ソースプログラム作成時，命令セット一つひとつで書く代わりに1つのマクロ命令で書くことができる。アセンブルされるとき，1つのマクロ命令は命令セット一つひとつのマシン語となってメモリに配置される。マクロを使うことで，アセンブリコードが作りやすく，また見やすくなる。

以下の例は構成を示すためのもので，ここでは命令の意味まで理解する必要はない。

＜例1（引数なし）＞

```
set_BANK0       MACRO
        BCF     STATUS,RP0      ;STATUS の RP0 ビットを 0 にせよ。
        BCF     STATUS,RP1      ;STATUS の RP1 ビットを 0 にせよ。
        ENDM                    ;MACRO 命令の終わり
```

ソースに set_BANK0 の命令があると，マシン語に直されるとき，それは対応する2行のマシン語に直される。STATUS,RP0,RP1 はこのマクロの以前にそれらが何であるかが定義されているとする。

＜例2（2つの引数あり）＞

```
    movf2f MACRO   src,dst     ;src から dst へデータ転送せよ，のマクロ。
           MOVF    src,W       ;W=src
           MOVWF   dst         ;dst=W
           ENDM
```

ソース内のある1行のオペコード部分に movf2f　file1,file2（file1,file2 は2つの引数）の命令があると，アセンブル時 src,dst は file1,file2 のコードに置き換えられる。

マクロは，通常，命令セットの命令では単純すぎてもう少し複雑な命令が欲

しい，そしてマシン語に展開したときは数個のマシン語で済む，という場合に使われる．マクロはプログラム全体の一部分を1つの命令として定義したものである，という点ではサブルーチンと同じであるが，マクロではコール命令，リターン命令がない，ということでスタックを使わない，余分なプログラム処理時間がかからない[†]，という点と，その反面，マシン語に展開するごとにメモリが必要になる，というところがサブルーチンとは異なる．

（4） **ORG**

origin の意味．この擬似命令 org の右辺の数を，次の命令のマシン語が置かれるメモリアドレスとせよ，の意味．この命令はプログラム中何回あってもかまわない．

＜例＞

```
         ORG    0         ;0番地から以下のマシンコードを配置せよ．
START    MOVLW  1         ;W＝1
         ⋮
```

（5） **END**

アセンブルの終わり，つまりこの擬似命令 END の1行上の行までをマシン語に直し，メモリに配置せよ，の意味．プロセッサにプログラム処理を終われと命令しているのではないことに**注意**．

その他，以下のような擬似命令もある（ただし，これらは行の任意位置あるいは先頭から書かれ，オペコードの位置に書かれなければならないものではない）．

（6）　**;**

セミコロンから改行までをコメントとせよ，の意味．セミコロンはどこに置かれても，その続きは改行までがコメントになる．ソースコードを見やすくするためのコメント文はどこに何行あってもかまわない．コメントはアセンブルのときは無視される．

（7）　**#DEFINE**

[†] 呼出し命令とリターン命令が入ると，PC書換えとスタック操作の時間が余分にかかる．

アセンブルのとき，これに続く文字列はそのままその次の文字列のマシン語に置き換えられる。

＜例＞
　　#DEFINE　set_BANK021　　BSF　　　STATUS,RP0

ソース内の文字列 set_BANK021 はアセンブル時 BSF　STATUS,RP0 のマシン語に置き換えられる。

（8）　**#INCLUDE**

変数，サブルーチンなどを定義したファイルがつくられているとき，そのファイル名を続けて書くと，それらのラベルをソースの中で使うことができる。

9.2.5　オペコード，オペランドをアセンブリ言語で

アセンブリ言語ではオペコードにニーモニック，オペランドにレジスタ，メモリ，データやアドレスそのもの，が書かれる。ここではこれらがどのように構成されるか示すため，**PIC** のニーモニックのいくつかを使って紹介する。間接アドレッシング，相対アドレッシングについては，PIC は少し特殊なので，10 章で PIC のハードウェアの説明をしてから説明する。

PIC ではアキュムレータに相当するものがワーキングレジスタ（W：Working file register）である。コメント文中の＝は代入演算子である。

最初ユーザーによって，次のように変数 x, 定数 const が定義されているとする。

```
    x       EQU     0x20
    const   EQU     d'10'
```

プログラム内で，0x20, d'10' をオペランドで直接使ってもよいが，通常は x, const のようなラベルを使う方がユーザーに分かりやすい。

〔1〕　**直接**（direct）**アドレッシング例**

オペランド領域の d は destination のことで W と書くと Working register, f と書くと file register である。このアドレッシングのオペランドはデータの入れ物である。

```
    MOVF    x,d     ;d=x (move file x to W or x)
    ADDWF   x,d     ;W+x, store result in W or x
```

〔2〕 **イミーディエイト** (immediate)，または**リテラル** (literal) **アドレッシング例**

このアドレッシングのオペランドはデータの入れ物ではなく，データそのものである。

```
MOVLW     const      ;W=const (move literal d'10' to W)
ADDLW     const      ;W+const, place result in W.
```

〔3〕 **絶対** (absolute) **アドレッシング例**

このアドレッシングのオペランドはアドレスの入れ物ではなく，アドレスそのものである。以下2例は，プログラムのどこかの行にラベル label1，sub_x があるとする。

```
GOTO      label1     ;PC=label1 のラベルがついたアドレス
CALL      sub_x      ;PC=sub_x のラベルがついたアドレス
```

〔4〕 **暗黙** (implicit (または，implied)) **アドレッシング例**

このアドレッシングではオペランドなしである。

```
CLRW                 ;W=0 (clear W)
RETURN               ;return from subroutine
```

9.3 アセンブリ言語でのプログラム構成

アセンブリ言語によるプログラムは，定義文，メインルーチン，サブルーチン，割込みルーチンで構成される。各ルーチンの機能については7章で述べている。本節ではメインルーチンが1つだけの小規模なアセンブリ言語プログラムの構成について説明する。

9.3.1 は じ め に

図9.3(a)に，**リセットベクトル**が0番地，**割込みベクトル**が4番地の例（PICの例）で，アセンブリ言語で書かれたプログラムの開始部分を示す。また，図(b)にこれをアセンブルしてマシン語をメモリ上へ配置した様子を示す。図では，ラベル int のアドレスから割込みルーチンが始まり，ラベル main のアドレスからメインルーチンが始まり，ラベル sub_x のアドレスからサブ

9.3 アセンブリ言語でのプログラム構成

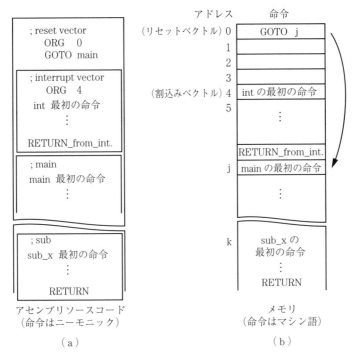

図 9.3 リセットベクトル 0 番地，割込みベクトル 4 番地部分（PIC での例）
アセンブラがラベル main や sub_x のアドレスを計算してそれぞれの分岐命令の中に入れる。この例ではアドレス 1, 2, 3 は使用されていない

ルーチンが始まる場合である．これらの配置はこれだけではないが，このリセットベクトルと割込みベクトルの場合この配置が分かりやすいと思われる．

リセットの解除後，プロセッサはリセットベクトルに書かれた GOTO main の命令を実行し，その結果，ラベル main から始まるプログラムに処理を移す．

ラベル main のアドレスは，その前の行の命令（図では RETURN_from_int）のアドレスの続きになる．このアドレスが j になるとするとき（図 (b) の j 参照），アドレス j はアセンブラによってアセンブル時に求められ，GOTO main のマシン語命令のオペランドに組み込まれる．

9.3.2 定　義　文

定義文は，変数，定数，マクロの定義を擬似命令 EQU, CBLOCK, MACRO,

図 9.4 アセンブリソースの定義文と各種ルーチン

#DEFINE 等で書かれる文で，ルーチンに入る前に書かれる（**図 9.4**）。これら定義文はファイルにして保存しておき，それをルーチンに入る前に（#INCLUDE 命令で）呼び出してもよい。

これらのファイルは**ヘッダファイル**（header file）あるいはインクルードファイルと呼ばれ，レジスタのコードなど基本的な定義が書かれたものはアセンブラとともに供給されている。

アセンブリ言語の擬似命令で変数の型（C 言語での int, float, char など）を指定することはできないので，ユーザーが型によりメモリ領域を確保する必要がある。

メインルーチン，サブルーチン，割込みルーチンすべてのプログラムのどの部分においても使うことができる変数は**グローバル変数**と呼ばれ，すべてのプログラムの先頭部分で定義される。一方，個々のプログラム内だけで使える変数は**ローカル変数**と呼ばれ，それぞれのルーチンの始まりで定義される。アセンブリ言語では，グローバル変数，ローカル変数は区別されないので，プログラム作成者が意識して区別する必要がある。同じ変数名は使えない。また，また大文字，小文字を使い分けてもアセンブラは区別しない場合がある。

9.3.3 メインルーチン
＜メインルーチン先頭部分＞

サブルーチンや割込みプログラムを使うためにはスタックが必要なので，まずスタックポインタの初期設定が書かれなければならない。次に，プロセッサのモードやその周辺装置の初期設定などが書かれる。このモードの初期設定とは，リセットされた後のプロセッサは割込みマスクがかけられているので必要なものを解除する，などである。また，周辺装置の初期設定とは，ディジタル入出力，A-D 変換器，などの各種 IO のインタフェースや周辺装置の使い方の

9.3 アセンブリ言語でのプログラム構成

設定などである。

＜メインルーチン主要部分＞

プログラムの主要部分で，あらかじめつくった，あるいはつくられた各種のプログラム部品を適切な命令でつないだプログラム部分である。これは，大工の親方が家を建てるとき，あらかじめ適切な形に切った木材や，左官や電気・水道などの工事の職人を手配する計画書のようなものである。

＜メインルーチンの最後の行＞

メインルーチンが終了した後OSに戻る場合は，サブルーチン同様リターン命令で終わればよい。OSをもたない組込みコンピュータなど小規模コンピュータの場合には，以下に2通りがある（**図9.5**）。

```
        ; main
main    最初の命令
        次の命令
          ⋮
loop    繰り返しの最初の命令
          ⋮
        GOTO loop
        ; main ここまで

        ; sub
sub_x   最初の命令
          ⋮
```

（a）アセンブリソースコード（1）
loopからの仕事を繰り返させる

```
        ; main
main    最初の命令
        次の命令
          ⋮
idle    GOTO idle
        ; main ここまで

        ; sub
sub_x   最初の命令
          ⋮
```

（b）アセンブリソースコード（2）
mainの最後はidleの行を繰り返させ，割込みがある度に割込みプログラム処理をさせる（割込みプログラムは省略してある）

図9.5 メインルーチンの最後の行の書き方2種類

(1) 繰返しの仕事が必要な場合には，そのために必要とするプログラム部分を繰り返させる（**図**（a）参照）。

(2) 必要なときその都度割込みで割込みルーチンを実行させるとき，メインルーチンの最後にもう1行，同じ行に分岐させる命令を付け加える（**図**（b）参照）。

9.3.4 サブルーチン

＜サブルーチン呼出し部分＞

サブルーチン呼出し前には必要に応じてデータ処理の準備がなされる。通常，サブルーチンに渡すデータはレジスタに入れてサブルーチンに渡し，データ処理結果も同じあるいは別のレジスタでサブルーチン呼出し側に渡す。データメモリを使うよりもこの方が処理が速い。

サブルーチン呼出しは「任意プログラム内」で，サブルーチンに付けたラベルをオペランドに書いた呼び出し命令によって行われる。例えば，図9.3のラベル名 sub_x のサブルーチン呼出しは，CALL sub_x と書かれる。サブルーチンに付けたラベルのアドレスは，アセンブラにより求められ，呼出し命令のマシン語のオペランドに入れられる。

＜サブルーチン先頭部分＞

サブルーチンの先頭アドレスにはラベルが付けられる。

サブルーチンを使いやすく標準化するためには次の注意がいる。どのようなサブルーチンも他のルーチンと同じコンピュータ資源が使われる。そのため，サブルーチンの開始部分で，データ引き取りまたは引き渡し用レジスタ以外で，サブルーチン独自に使われるレジスタは，サブルーチン先頭部分で通常[†]は PUSH 命令で内容を**スタック**に退避させられる。レジスタ R1, R2 の内容をプッシュする場合は，例えば

  PUSH R1, R2

のように書く。これをしておけば，それらのレジスタがそのサブルーチン以外で使われているかもしれない，ということを気にせずに使うことができる[††]。通常このときスタックが使われるのは，最初から定義文でメモリ確保しないで，必要なときだけレジスタ退避ができるからである。

なお，C言語などの関数呼び出しでは，ユーザーは関数名を書くだけでレジスタの退避，復旧の命令を書く必要はないが，このときすべてのレジスタの内容を退避するようになるかもしれない。

[†] PIC ではユーザーがスタック操作できない。この場合はデータメモリ領域を使う。
[††] もう1人の料理人が冷蔵庫の中身を退避させてからその冷蔵庫を使うようなものである。

＜サブルーチン終わり部分＞

退避していた各種レジスタの内容を元レジスタに復帰させる。このときスタックから取り出す場合には順番に注意がいる。先ほどのプッシュした例の場合は

  POP   R2,R1

のように書く。

サブルーチンの終わりはリターン命令である。

9.3.5 割込みルーチン

＜割込みルーチンに入るまでの過程＞

マスクが解除されているか，あるいは割込みがマスク不能割込みの場合，割込み要求があるとその割込みに対応したフラグが立ち，その要求は受け付けられる。このとき CPU は命令フェッチした後であれば PC＝PC＋1 してからその命令を実行し，その後 CPU は，PC の内容をスタックに退避し，割込み**マスク**をセットしてから，PC に割込みベクトルをセットする。

＜割込みルーチン先頭部分＞

メインルーチンとは独立しているが，同じコンピュータ資源を使うので，割込みルーチンで使うレジスタはすべて退避する必要がある。通常，退避は PUSH 命令で行われる。**スタック**が使われる理由はサブルーチンの場合と同じである。

図 9.6 に，割込み処理で行われるレジスタの退避と復旧の概念図を示す。長方形の箱は割込みルーチンで使用されるレジスタであるとする。レジスタは上から順に，データ転送用レジスタ，データ加工用レジスタ，STATUS レジスタ，…，データメモリアドレス用レジスタ（間接アドレッシング用レジスタ），プログラムメモリアドレス用レジスタ（PC）…，である。

ただし割込みベクトルの命令フェッチ前，最低限 PC の保管だけは，どのような CPU でも CPU が自動的に行う。その他いくつかの主要レジスタも，CPU によっては CPU が自動的に保管する。

その次に，どの割込みが発生したのか割込み**フラグ**を調べるプログラムを書

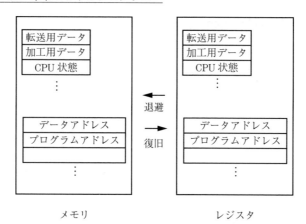

図 9.6 割込みルーチン開始前に，使うレジスタ，変化するレジスタをスタックへ退避しておく．復旧はリターン前に行う．最低限 PC の内容だけは CPU 機種に依存せず割込みベクトルの命令フェッチ前に退避され，リターン命令で復旧される

き，もし複数のフラグが立っているなら優先度の高い割込みから順にそのフラグを降ろす命令を書く．そして，降ろしたフラグに対応する割込みルーチンの処理を行うプログラムを書く．

＜割込みルーチン終わり部分＞

退避していたレジスタ内容を元レジスタに復帰させる命令を書く．割込みルーチン最後に RETURN from interrupt 命令を書く．CPU はこれを実行することで割込み**マスク**を解除し，スタックに保管していたアドレスを PC に復旧する．CPU によっては，割込みマスク解除命令をリターン命令前に必要とする場合もある．

割込みフラグが降ろされていないと，リターン命令で割込みマスク解除後，同じ割込みが再度受け付けられて同じ割込みルーチン処理を始めてしまうことになる．

9 章の演習問題

（1） 直接アドレッシングのオペランドにレジスタとメモリアドレスが書かれている場合

(a) レジスタ個数が全部で 2^n 個ある場合，オペランドに入るレジスタ指定のコードは何ビット必要か。
(b) メモリアドレスのビット長が m ビットであれば，オペランドには上記レジスタとこのメモリアドレスで何ビット必要になるか。
(2) あるデータ用レジスタ名をR，ある間接アドレッシング用レジスタ名をIX，その内容をxとする。間接アドレッシングでIXを使ってRへデータ転送する命令では，何がどこへ転送されるのか答えよ。
(3) 分岐命令における(a)絶対アドレッシングと(b)PC相対アドレッシングの違いを述べよ。
(4) (a)サブルーチンへの分岐（CALL）命令の代わりに無条件で分岐する命令GOTO命令を使うことはできない理由を述べよ。(b)また，その逆もできない理由を述べよ。
(5) アセンブリ言語による命令文1行の書き方を述べよ。
(6) アセンブリ言語におけるラベル（またはシンボルともいう）は，どのような用途に使われるか述べよ。
(7) アセンブリ言語における次の擬似命令の意味を説明せよ。
（a）
```
dataBuff EQU      0x80
```
（b）
```
         CBLOCK   0x80
dataBuff0
dataBuff1
         ENDC
```
（c）
```
const1 equ d'100'
const2 equ 2*const1
```
（d）
```
   ORG         4
```
（e）
```
   END
```
(8) 割込みルーチンは，自身以外のプログラムの任意場所で割り込んで使えなければならない。そのために基本的に必要なことを述べよ。
(9) 割込みルーチンとサブルーチンへの分岐の仕方，戻り方について説明せよ。
(10) 情報保管にスタック領域を使う場合とデータメモリ領域を使う場合とで，使う命令の違いを述べよ。

10 PIC

　本章では，PIC を使って具体的な CPU とその周辺装置の動作概要を説明することを目的としている。PIC は Microchip 社製の Peripheral Interface Controller の略で，コンピュータの基本的な装置をすべて内蔵したシングルチップコンピュータ（Microchip 社はマイクロコントローラと呼んでいる）である。したがってこれは汎用の CPU とその周辺装置とは異なるが，現在（2014年）メカトロニクス分野で身近にまた手軽に使われているので選んだ。

　PIC には性能が異なる多くの機種がある。本章で対象とする PIC は中間的性能の PIC16F グループで，メモリ容量や PORT 個数など具体的数値は PIC16F 887 を対象としている。

10.1　PIC 中間性能グループの大まかな特徴

（1）電源電圧 2.0〜5.5 V の範囲で動作でき，小電力で動作する。例えば電源電圧 2 V の場合，システムクロック 4 MHz 時の消費電流は 220 µA（消費電力 0.44 mW），スリープ時の消費電流は 50 nA（消費電力 0.1 µW）である。

（2）システムクロック周波数は，外部発振器を使うことで，最高 20 MHz まで上げることができる。内蔵発振器は周波数 8 MHz，31 kHz の 2 種類ある。

（3）データメモリ，プログラムメモリを独立してもち，それぞれのバスも独立してもつハーバードアーキテクチャである（図 10.1）。データメモリのデータバス幅は 8 ビットである。プログラムメモリの命令バス幅は 14 ビットである。

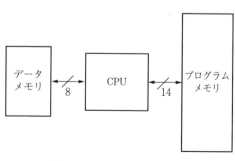

図 10.1　PIC の CPU とメモリ
データバス幅 8 ビット，命令バス幅 14 ビット
（出典：MICROCHIP PICmicro™ Mid-Range MCU Family Reference Manual）

（4）ワーキングレジスタ（アキュムレータ）だけは CPU 内

部にあるが，それ以外の汎用レジスタ，専用レジスタは汎用の CPU と異なりデータメモリ領域にある．レジスタのビット幅は 8 ビットである．

(5) RISC 型[†]で，命令は基本的で単純なものだけである．命令個数は全部で 35 個と少なく，すべての命令 1 語は 14 ビットである．命令 1 語の実行に要する時間は分岐命令以外みな同じで，システムクロック周波数の 1/4 の速度でパイプライン処理できるようになっている．

(6) リセットには，電源オン時のリセット（POR : power-on reset），電源電圧低下（ブラウンアウト）時のリセット（BOR : brown-out reset），ウオッチドッグタイマ[††]によるリセット（WDT RESET : watchdog timer reset），外部からのリセット（MCLR : external MCLR reset），の各種リセット回路を内蔵している．

(7) I/O インタフェース，A-D 変換器，タイマ，シリアル通信器など各種周辺装置をもつ．

ディジタル用 I/O インタフェースは LED を直接駆動できる（押出しまたは吸込み電流の最大は 25 mA）．

ディジタル入力，アナログ入力，タイマ出力，など周辺装置のいくつかは割込みができる．

タイマは内蔵発振器からのパルスを使い，上記各種リセット，割込み，スリープからの WAKE_UP，PWM 出力信号作成などに使われるが，本書では省略．

10.2 ハードウェア構成概要

この PIC のハードウェア構成のブロック図を図 10.2 に示す．ただしこの図は，Microchip 社データシート記載のブロック図を基にしているが，制御線や

[†] reduced instruction set computer，単純で基本的な命令だけをもつコンピュータ．複雑な命令は，これの組合せでつくられる．単純な回路なので高速実行できる．CISC : complex instruction set computer はこれの反対．

[††] ウォッチドッグタイマは，内蔵の発振器のパルスを用いてある時間（タイムアウト周期 1 ms 〜 268 s）経過したらプロセッサにリセットをかけることができる．
　プログラム内で定期的にウォッチドッグタイマをクリアする命令を置くことで，プログラムが正常に処理されていればリセットがかからない．何らかの異常で，そのクリア命令を行わない（暴走または無限ループなどに入った）ときタイムアウトしてリセットがかかり，元のプログラム処理に戻ることができる．

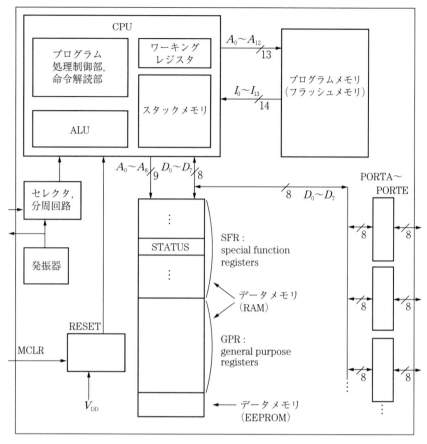

図 10.2 シングルチップコンピュータ PIC 16F887 のハードウェアアーキテクチャ（制御線と各種周辺装置の大部分を省略した概略図）

各種周辺装置など簡略化し省略したものが多い。

1チップの中に以下のものをもっている。

・発振器（8 MHz, 31 kHz の2種類）。分周回路（prescaler）も内蔵

・プロセッサ

・リセット回路（POR, BOR, WDT RESET, MCLR）

・プログラムメモリ（flash memory : EEPROM の一種）

・データメモリ（RAM）

・I/O インタフェース, A-D 変換器, タイマ, シリアル通信器などの各種

周辺装置（peripherals）（PICではこの段のI/Oインタフェースとそれに続くものを周辺装置と呼んでいる）

リセット回路のブロックへ V_{DD} から信号が入っている。この V_{DD} はPICへの供給電圧と同じ電圧で，POR，BORのレベルチェック用入力電圧である。

10.2.1 プロセッサ

プロセッサは，プログラムメモリとは命令バス幅14ビット，アドレスバス幅13ビットでつながっている。また，データメモリとはデータバス幅8ビット，アドレスバス幅9ビットでつながっている。

プロセッサ内にプログラム処理制御部と命令解読部（controller, instruction decoder），算術論理演算部（ALU），ワーキングレジスタ（working register），スタックメモリ（stack memory）などがある。

Working registerはアキュムレータ（データ転送やデータ加工時にデータが一時置かれる主要レジスタ）でこれだけはプロセッサの中にある。それ以外のレジスタはデータメモリ領域（RAM領域）に置かれ，それらはファイルレジスタと呼ばれている。

スタックメモリは，RAMとは独立にプロセッサ内にあり，プロセッサだけが使用でき，プログラムで使用することはできない。したがって，スタックポインタもユーザーには読むことも書くこともできない。この点，汎用CPUが使用するスタックとは異なる。

スタックメモリは13ビット幅で8段あり，8回PUSHできる。9回目からのPUSHがなされるとき，最初に戻り同じことを繰り返すようになっている。したがってこのとき，最初にPUSHされた内容から順に上書きされる。POPの場合は逆である。スタックメモリのいちばん底までPOPがなされたとき，次のPOPはスタックメモリいちばん上からなされる。このように，8回を超えるネスティングがなされると，CPUは割込み処理終了後あるいはサブルーチン処理終了後，いつかは正常動作できなくなる。

システムクロックは**図10.3**のように4つのパルス Q_1, Q_2, Q_3, Q_4 に分けられる。プロセッサは命令1語につき

154   10.　P I C

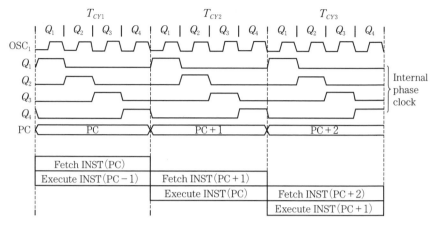

図 10.3　システムクロック（OSC_1）の中の Q_1, Q_2, Q_3, Q_4 のパルスで1命令サイクル内の同期信号を構成．1命令サイクルで命令の解読，実行をしている間に，同時に次の命令のフェッチを行う．（出典：MICROCHIP PICmicro™ Mid-Range MCU Family Reference Manual）

Q_1 でデコードし，

Q_2 でメモリからデータ読出しまたは no operation,

Q_3 でデータ処理または no operation,

Q_4 でメモリにデータ書込みまたは no operation, を行う．

メモリアクセスにも演算にも無関係な命令実行では，Q_2, Q_3, Q_4 で no operation を行う．

メモリアクセスに無関係な演算だけの命令実行では，Q_2, Q_4 で no operation を行う．

メモリから読み出すだけの命令実行では，Q_3, Q_4 で no operation を行う．

メモリにデータを書き込む場合は，Q_2 で一旦メモリからデータ読出しを行い，その後 Q_4 で同じアドレスのメモリへ書込みが行われる（読出しデータは使われない）．これは一般に **read-modify-write operation** と呼ばれ，1命令サイクルでメモリに2回アクセスできる機能である．

read-modify-write operation 機能によりメモリからデータ読出しを行い，そのデータに対して演算を行い，その結果を同じメモリへ書き込むことが1命令サイクルで可能である．このような命令実行では，Q_1, Q_2, Q_3, Q_4 には no operation はない．

Q_1 でデコードと同時に PC（program counter）は 1 加算されている。命令フェッチはこのとき PC 内の新しいアドレスの命令に対して行われ，Q_4 で命令レジスタに記憶される。

Q_1 から Q_4 までの 1 組を**命令サイクル**（instruction cycle）と呼ぶ。PIC では，デコードのステージも命令実行のステージに含めて，**図 10.3** のように命令実行 Execute は 1 命令サイクルで行われると表現している（ただし分岐命令以外）。

サブルーチン分岐命令実行を**図 10.4** の例で説明する。

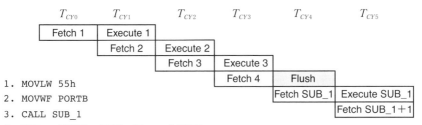

```
1. MOVLW  55h
2. MOVWF  PORTB
3. CALL   SUB_1
4. BSF    PORTA, BIT3  (Forced NOP)
```

図 10.4 サブルーチンへ分岐する場合のパイプライン
（出典：MICROCHIP PICmicro™ Mid-Range MCU Family Reference Manual）

T_{CY2} の Fetch 3 で CALL 命令をフェッチする。

T_{CY3} の Execute 3 で Fetch 3 の CALL 命令を解読実行する。また同時にFetch 4 を行う。CPU はここで CALL 命令がサブルーチン分岐命令であることを解読したなら，その時点の PC（4 行目の命令のアドレス）をスタックへプッシュしてから PC に分岐先アドレスを設定する。

T_{CY4} で分岐先アドレスの命令フェッチ Fetch SUB_1 をする。このとき Fetch 4 の命令は実行する必要はないので捨て，代わりに NOP（no operation）命令を実行する。

T_{CY5} で SUB_1 を実行する。

このように，CALL 命令実行そのものは 1 命令サイクルであるが，CALL 命令実行から分岐先の命令実行までには NOP 命令が入るので 2 命令サイクルかかることになる。このことを CALL 命令実行では 2 命令サイクルかかるという。分岐命令は，パイプライン処理に常にこのような現象を起こす。

10.2.2 プログラムメモリ

プログラムメモリは 13 ビット幅のアドレスバス，14 ビット幅の命令バスをもつフラッシュメモリ（EEPROM の 1 種）である．命令はすべて 1 語 14 ビット長なので，このメモリに入る命令は $2^{13}=8192$ 語である．

リセットベクトルに 0 番地，割込みベクトルに 4 番地が割り当てられている．

プログラムメモリの 13 ビット幅アドレス空間はアドレス上位 2 ビットで 4 つ（**表 10.1**）に分割され，それぞれは**ページ**（page）と呼ばれ，下のアドレスから順にページ番号 0, 1, 2, 3 で呼ばれている．各ページはアドレス下位 11 ビットのアドレス空間である．

表 10.1 プログラムメモリアドレス空間の 4 ページ

$A_{12}\ A_{11}$	$A_{10}A_9A_8\ A_7A_6A_5A_4\ A_3A_2A_1A_0$	
0 0	0 0 0 0 0 0 0 0 0 0 0	$0 \sim 7\mathrm{FF_H}$
0 1	～	$800_\mathrm{H} \sim \mathrm{FFF_H}$
1 0		$1000_\mathrm{H} \sim 17\mathrm{FF_H}$
1 1	1 1 1 1 1 1 1 1 1 1 1	$1800_\mathrm{H} \sim 1\mathrm{FFF_H}$

● 0 番地はリセットベクトル，4 番地は割込みベクトルに当てられている．

絶対アドレッシングではオペランドに本来 13 ビット必要であるが，同じページ内の分岐であればアドレス下位 11 ビットでアドレス指定できる．プログラムカウンタは 13 ビット幅必要で，2 つの 8 ビット幅レジスタを使って構成される．絶対アドレッシング命令のオペランドにアドレス下位 11 ビットを書くと，この 2 つのレジスタの 11 ビットが書き換えられる．ページが異なる場合は上位 2 ビットを設定し直してページ切替えする必要がある．

10.2.3 ファイルレジスタ

データメモリ領域は 9 ビット幅アドレスバス，8 ビット幅データバスをもつ（$2^9=512$ バイトデータが入る）RAM である．

データメモリは**汎用レジスタ**（general purpose registers : GPR），**専用レジスタ**（special function registers : SFR）として使われる（**図 10.2** 参照）．1 バイトデータまたはその容量のメモリは，PIC では**ファイル**（file）と呼ばれ，これらレジスタは**ファイルレジスタ**（file register）と呼ばれる．プログラムカ

ウンタのように，2個のファイルレジスタで機能する場合もある。

データメモリ領域の9ビット幅アドレス空間は，アドレス上位2ビットで**表10.2**のように4つのアドレス範囲に分割され，アドレス下位7ビットのアドレス空間は**バンク**（bank）と呼ばれ，下のアドレスから順にバンク番号0, 1, 2, 3で

表10.2 データメモリアドレス空間の4バンク

$A_8 A_7$	$A_6 A_5 A_4 \ A_3 A_2 A_1 A_0$		
0 0	0 0 0 0 0 0 0	$0 \sim 7F_H$	BANK0
0 1	~	$80_H \sim FF_H$	BANK1
1 0		$100_H \sim 17F_H$	BANK2
1 1	1 1 1 1 1 1 1	$180_H \sim 1FF_H$	BANK3

表10.3 ファイルレジスタ

	専用レジスタ	汎用レジスタ
BANK0	$0 \sim 1F_H$	$20_H \sim 7F_H$
BANK1	$80_H \sim 9F_H$	$A0_H \sim FF_H$
BANK2	$100_H \sim 10F_H$	$110_H \sim 17F_H$
BANK3	$180_H \sim 18F_H$	$190_H \sim 1FF_H$

●これらの内容は 8-bit。どのバンクからでもアクセスできるアドレスがいくつかある。

呼ばれている。1バンク当たり $2^7 = 128$ バイトである。

各バンクには**表10.3**のように，専用レジスタ，汎用レジスタがある。つまり PIC では，ワーキングレジスタ以外のレジスタはプロセッサ内蔵ではなく，データメモリ（RAM）領域に当てられている。

直接アドレッシング命令のオペランドの1レジスタは，同じバンク内であれば下位7ビットで指定できる。別のバンクのレジスタ指定には，上位2ビットを設定し直してバンク切替えが必要である。

専用レジスタの中でも基本的なレジスタは，どのバンクからでもアクセスできるようになっている。同様に，汎用レジスタの中でも $70_h \sim 7F_h$ のメモリは，どのバンクからでも読み書きできるようになっている（$F0_h \sim FF_h$，$170_h \sim 17F_h$，$1F0_h \sim 1FF_h$ への読み書きはすべて $70_h \sim 7F_h$ への読み書きになる）。

専用レジスタについては 10.3 節で説明する。

10.2.4　各種周辺装置

PIC では，各種**周辺装置**（peripherals）とは，PORT，A-D 変換器，コンパレータ[†]，タイマ[††]，PWM（pulse width modulation）発生器，シリアル通信器[†††]などのことを指し，発振器，RESET 回路は周辺装置に含まれない，としてい

る。**ポート**（**PORT**）とはI/Oインタフェースのことである（図10.2ではPORTA〜PORTE）。I/Oポートとも呼ばれる。これら各種周辺装置の使い方設定レジスタやI/Oデータ読出し/書込みレジスタは，専用レジスタ領域にある。

図10.5の$R_{\text{x}_7}\sim R_{\text{x}_0}$はPORTxの外部入出力端子で，これがCPUからのデータバス$D_7\sim D_0$に対応していることを表している。図中PORTxはPORTA〜PORTDのどれかで，ディジタル入出力，アナログ入力，シリアル通信，クロック信号出力，PWM出力，などはこれらPORTを経由して行われる。

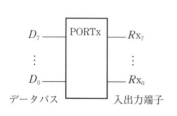

図10.5 PORTxはI/Oインタフェースになる

図10.6は，PORTをA-D変換器入力として使う場合で，PORTの$R_{\text{x}_7}\sim R_{\text{x}_0}$のどれかの端子がA-D変換器入力となることを表している（図10.7（164頁）も参照）。A-D変換器出力は10ビットで，これは2つの専用レジスタに上位8ビット+下位2ビット，または上位2ビット+下位8ビットで保管される。

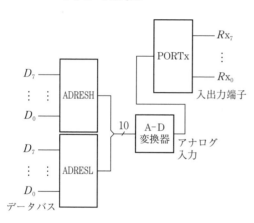

図10.6 PORTxの$R_{\text{x}_7}\sim R_{\text{x}_0}$のどれかをA-D変換器入力として使う場合

シリアル送信，受信は，それぞれ1-bitずつ，あるPORTの端子を経由して外部と行うことができる。

$R_{\text{x}_7}\sim R_{\text{x}_0}$をディジタルI/O入力，A-D変換器入力，シリアル送受信器として使うとき，これらはそれぞれの信号による外部割込みにも使えるようなる。

前頁の† コンパレータは，アナログ電圧入力がある基準電圧より大きければハイレベル，低ければローレベルを出力する。
†† タイマは，タイマ用クロックを用いて時間計測し設定時間になるとそのことを知らせる信号を出力する。
††† シリアル通信器は，バス幅1ビットの通信線路で，1ビットずつ通信する装置。

10.3 いくつかの専用レジスタ

専用レジスタは，各種の設定，各種のフラグ，入出力，などに使われる．多くはリセットで初期設定される．専用レジスタの中でも特に基本的なレジスタは，どのバンクからでも読み書きできるようになっている．

ここでは，最低限必要でわかりやすいと思われるものだけ要約していくつか説明する．詳細はデータシートを参照されたい．

> レジスタ表内の記号の約束：
> 左端の桁が最上位でビット 7，右端の桁がビット 0．
> R/W はプログラムで読出し書込み可能，R はプログラムで読出し可能，の意味．
> －0 はリセット後 0 に初期設定，－1 はリセット後 1 に初期設定されるの意味．－x はリセット後定まっていない，の意味．

〔1〕 ステータスレジスタ

ステータスレジスタ **STATUS** (**表 10.4**) は，アドレス上位 2 ビットに関係なく 03_h の下位 7 ビットで指定できるようになっていて，どのバンクからでもアドレス 03_h, 83_h, 103_h, 183_h のどれかでアクセスできる．バンク切替えビットはこのレジスタにあるので，どのバンクからでもバンク切替えできることとなる．また各種フラグのいくつかもこのレジスタにあるので，どのバンクからでもアクセスできる．

表 10.4 STATUS レジスタ

R/W-0	R/W-0	R/W-0	R-1	R-1	R/W-x	R/W-x	R/W-x
IRP	RP1	RP0	$\overline{\text{TO}}$	$\overline{\text{PD}}$	Z	DC	C

IRP：連続 2 バンク選択ビット

データメモリアドレス最上位ビット A_8 をこれで決める．これを 0 または 1 に設定することで，**表 10.5** のように連続 2 バンク内を残り下位 8 ビットで指定できる．初期設定は BANK 0 〜 BANK 1 である．

このとき，下位 8 ビットをアドレス用レジスタ FSR に入れておけば，間接

表 10.5 STATUS の IRP の設定

IRP	2 バンク内アドレス範囲	バンク
0	$0000\ 0000_b \sim 1111\ 1111_b$	BANK0 ～ BANK1
1		BANK2 ～ BANK3

● IRP の設定はデータメモリアドレス最上位を決める

アドレッシング用レジスタ INDF をオペランドで指定することで間接アドレッシングできる。詳細は間接アドレッシング用レジスタの項で述べる。

RP1, RP0：バンク選択ビット

データメモリアドレス上位 $A_8 A_7$ のビットをこれで決めることで，4つのバンクの中から1つを選択する（**表 10.6**）。初期設定は BANK0 である。

表 10.6 STATUS の RP1, RP0 の設定

RP1	RP0	バンク内アドレス範囲	バンク
0	0	$000\ 0000_b \sim 111\ 1111_b$	BANK0
0	1		BANK1
1	0		BANK2
1	1		BANK3

● RP1, RP0 の設定はデータメモリアドレス上位 2 ビットを決める

＜例[†]＞

BANK0 から BANK1 に切り変える命令。

```
    bsf     STATUS,RP0      ;bit set STATUS,RP0
```

$\overline{\text{TO}}$：タイムアウトビット

ウオッチドッグタイマ（WDT, watchdog timer）がタイムアウトしたらこのビットが0になる。パワーアップ（リセット）後，または CLRWDT（clear watchdog timer）命令実行で1になる。

$\overline{\text{PD}}$：パワーダウンビット

スリープするとこのビットは0になる。パワーアップ（リセット）後，または CLRWDT 命令実行で1になる。

Z：ゼロビット

命令実行結果が0なら，ここに1がセットされる。おもに，条件付き分岐命令実行においてプロセッサが参照する。

[†] 本章で使われているアセンブリ言語は Microchip 社の MPASM である。

DC：digit carry bit（ハーフキャリービット half carry bit ともいう）。

命令実行で，ビット 3 から桁上りがあるとき 1 がセットされる。通常の CPU では，BCD 変換命令実行で CPU がこれを参照するが，この CPU ではこれを参照しながら変換するプログラムを組む必要がある。

C：キャリービット

命令実行で，ビット 7 から桁上りがあるとき 1 がセットされる。

〔2〕 **プログラムカウンタレジスタ**

13-bit **プログラムカウンタ**（PC）は下位 8-bit のレジスタ PCL（program counter low byte）（**表 10.7**）と上位 5-bit のレジスタ PCH（program counter high byte）で構成されている。命令フェッチのとき，PC の内容がプログラムメモリのアドレスバスに出力される。PCL はアドレス 02_h, 82_h, 102_h, 182_h のどれからでも直接読み書きできる。PCH は直接読み書きできない。したがってその表もここには示していない。

表 10.7　PCL レジスタ

R/W-0	R/W-0	R/W-0	R/W-0	R/W-0	R/W-0	R/W-0	R/W-0

PCLATH はアドレス $0A_h$, $8A_h$, $10A_h$, $18A_h$ のどれからでも直接読み書きできるレジスタで，この内容を PCH に反映させることができる。これは 8-bit 中下位 5-bit が PCH 用に使われている（**表 10.8**）。

表 10.8　PCLATH レジスタ

			R/W-0	R/W-0	R/W-0	R/W-0	R/W-0

これらのレジスタの初期値はすべて 0 で，リセットベクトルを指すようになっている。

CALL や GOTO 分岐命令のオペランドは 11-bit で，これでページ内の分岐先アドレスを指定する。この 11-bit は分岐命令実行時 PCH，PCL に書き込まれ，ページ指定のための上位 2-bit は PCLATH（5-bit 中上位 2-bit）から同時に PCH へ送られる。

＜例＞

分岐の場合。

GOTO   LOOP

無条件にラベル LOOP で標識されたアドレスに分岐せよ，の意味。オペランドに LOOP で標識されたアドレス下位から 11 ビットが入る。この命令実行時，オペランドの 11 ビットを 13 ビット長 PC 下位 11 ビットに設定する。同時に，PCLATH の中の 2 ビットも PC 上位 2 ビットに設定する。

分岐先が分岐命令と同じページ内でない場合は，分岐命令の前に分岐先ページ設定を PCLATH にしておく必要がある。

サブルーチンを呼び出す場合も同様であるが，サブルーチン終了でリターン命令が実行されると，スタックに保管していたアドレスを使ってサブルーチン呼び出し前のページに戻れるが，PCLATH は分岐先ページに設定したままなので，これを呼出し命令の次の命令でその命令のページと同じページに戻す必要がある。それをしないと呼出し命令のページと同じページ内で分岐を行う場合，正常に分岐できない。

PC の内容を分岐命令以外の方法で変えることもできる。この場合，まず分岐先アドレスの上位 5-bit を PCLATH に書き込む。この状態で PCL に下位 8-bit を書き込む命令を実行すると，そのとき同時に PCH に PCLATH から上位 5-bit が送られ PC が決定する。以下に PC 相対アドレッシングによる分岐方法を示す。

PIC は相対アドレッシングの分岐命令をもっていないが

　　　分岐先アドレス下位 8-bit ＝ PCL ＋ 相対値

　　　桁上りあれば PCLATH ＝ PCLATH ＋ 1

の計算をして（＝ は代入演算子）

　　　PCL ＝ 分岐先アドレス下位下位 8-bit

とすることで

　　　PC ＝ （上位 5-bit）PCLATH ＋ （下位 8-bit）PCL

となり，PC 相対の分岐を行うことができる。

〔3〕 **間接アドレッシング用レジスタ**

間接アドレッシングは INDF（indirect file register）と FSR（file select register）とを使うことでできる。

10.3 いくつかの専用レジスタ

FSRは，アドレス$04_h, 84_h, 104_h, 184_h$のどれからでも直接読み書きでき，指定すべきデータアドレスの下位8ビット（連続2バンク内のアドレス）が入れられることで，連続2バンク内のアドレス指定用**ポインタ**になる（**表10.9**）。指定すべきデータアドレスの最上位1ビットは，STATUSの中のIRPで設定（連続2バンクが設定）される。

表10.9 FSRレジスタ

R/W-x	R/W-x	R/W-x	R/W-x	R/W-x	R/W-x	R/W-x	R/W-x

一方，INDFは物理的なレジスタではなく，このレジスタ内容は読み書きできない。したがって表も示していない。INDFは直接読み書きはできないが，アドレス$00_h, 80_h, 100_h, 180_h$のどれからでも（どのバンクからでも）間接アドレッシングのオペランドで指定すると，STATUSの中のIRPとFSRの8ビットで指定されるアドレスのデータメモリがアクセスされる。

＜例＞
```
CLRF    INDF
;clear file indirectively ;*FSR=0000 0000b
```
　この命令は，IRPが指定する連続2バンク内で，FSRが指定するファイルレジスタの内容を0にせよ，の意味になる。FSRの内容を変化させれば，この同じ命令を実行することで2バンク内で間接アドレッシングができる（PICの間接アドレッシングは，一般的な間接アドレッシングとは少し異なっている）。

〔4〕 **I/Oインタフェース用レジスタ**

（1） **PORTB**

PIC16F887のPORTBレジスタは，これ1つでディジタル入出力，アナログ入力，割込み入力の説明ができるので，多くの入出力インタフェースの中からこれを代表に選んだ。

PORTBレジスタは各種PORTの中の1つで8-bit幅**I/Oインタフェース**である。PORTBのRB7～RB0は，ディジタル入出力時データバスのビット7～ビット0に対応している（**表10.10**）。

PORTBは多機能で，各桁はディジタル入出力，アナログ入力，割込み入力，またある桁はPICのプログラムメモリへプログラムを書き込む制御端子にな

164　10.　P I C

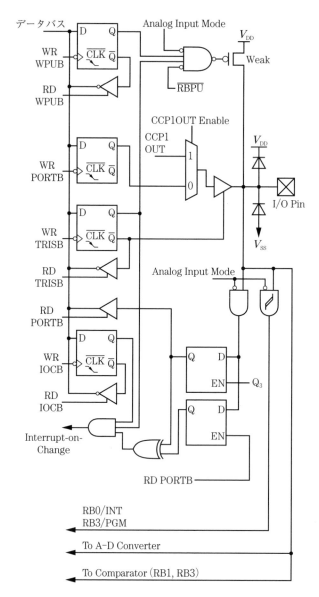

図 10.7　PORTBのビット 3 〜 0 の桁（RB 3 〜 0）の入出力回路
ディジタル入出力にも，アナログ入力，割込み入力（INT），
PIC プログラム書込み許可入力（PGM）にもなる．
（出典：MICROCHIP, PIC16F882/883/884/886/887Data Sheet）

10.3 いくつかの専用レジスタ 165

表10.10 PORTB レジスタ

R/W-x	R/W-x	R/W-x	R/W-x	R/W-x	R/W-x	R/W-x	R/W-x
RB7	RB6	RB5	RB4	RB3	RB2	RB1	RB0

● PORTB のそれぞれの桁は多機能で，機能は他のレジスタで設定される。

る。各桁はディジタル入力設定時ソフトウェアでプルアップ[†]可能である。

各種機能の設定は他のレジスタで行われる。図10.7 は RB3 〜 RB0 のどれかの桁の入出力回路で，以下に RB3 〜 RB0 の各種機能の設定を説明する。他の桁については章末の文献を参照されたい。制御信号は以下の7種類である。

(1) WR PORTB（write PORTB），(2) RD PORTB（read PORTB），

(3) WR TRISB（write TRISB），(4) RD TRISB（read TRISB），

(5) Analog Input Mode,

(6) CCP1OUT Enable（capture, compare, PWM1 enable），

(7) $\overline{\text{RBPU}}$（RB Pull up）

(1)〜(4) はバスで作られる制御信号で，(5)〜(7) は他のレジスタで作られる制御信号である。

(2) **ANSELH**

ANSELH（analog select high）レジスタは，PORTB などの I/O ピンをアナログ入力チャネルかディジタル入力端子かを設定するレジスタである。アナログ入力チャネルの場合は対応桁を1に，ディジタル入力端子の場合は0に設定する（**表10.11**）。初期値は1でアナログ入力チャネルとして設定される。

表10.11 ANSELH レジスタ

U-0	U-0	R/W-1	R/W-1	R/W-1	R/W-1	R/W-1	R/W-1
−	−	ANS13	ANS12	ANS11	ANS10	ANS9	ANS8

● RB0, 1, 2, 3 の桁の IO ピンを，ディジタル用に使うか，アナログ用に使うかは，ANS12, 10, 8, 9 で決まる。

図10.7 における Analog Input Mode は I/O ピンをアナログ入力として通すかどうかのゲート制御信号で，ANSELH の値で決まる。これが1のとき，対応する I/O ピンはこれとつながった A-D 変換器やコンパレータ（アナログ用）

---

† プルアップとは端子を抵抗でハイレベルの電圧側につなぐこと。これで入力設定時，信号源につながっていないときハイレベルに保たれる。このとき，端子をスイッチでローレベル側とつなぐだけでディジタル入力を（割込み入力も）与えることができる。

に使われる。これが0のとき、I/Oピンはディジタル入出力として使うことができる。例えばRB0をアナログ入力に使う場合はANSELHのANS12を1に、ディジタル入出力に使う場合は0に設定する。

（3） TRISB

TRISB（PORTB tri-state）[†]レジスタは、PORTBがディジタル用に設定されている場合、各桁ごとで入力とするか出力とするかを設定するレジスタである。1でInput、0でOutputに設定される（**表10.12**）。初期値は1で、入力に設定されている。これは電源が入ったときPORTにつながった装置に（初期値が定まっていない）信号が行かないようにするためである。

表10.12 TRISB（PORTB）レジスタ

R/W-1	R/W-1	R/W-1	R/W-1	R/W-1	R/W-1	R/W-1	R/W-1
TRISB7	TRISB6	TRISB5	TRISB4	TRISB3	TRISB2	TRISB1	TRISB0

● RB_n（$n=7 \sim 0$）の桁の入出力方向は$TRISB_n$で決まる。

以下、TRISBの書込みと、PORTBのディジタル入出力の回路動作説明を行うが、少々ややこしく、また専門的になりすぎているかもしれないので（4）INTCONの前まで飛ばしてもよい。

TRISBに書込みするとき、**図10.7**の回路ではWR TRISBの制御信号だけがクロック作動し、データバスからビットがTRISBのD FlipFlopに記憶させられる。このビットが1のときD FlipFlopの$\overline{Q}$が0となり、出力は遮断状態となり、I/Oピンはディジタル入力として使うことができる。0のときは$\overline{Q}$が1となり、ディジタル出力として使うことができる。

ディジタル設定時PORTBを読むと、回路ではRD PORTBだけが1になり、I/Oピンのディジタル値がDATA BUSに読み込まれる。このとき、ある桁がディジタル入力設定時は、その桁のI/Oピンのディジタル入力がDATA BUSに読み込まれる。その桁がディジタル出力設定時は、その桁のディジタル出力がDATA BUSに読み込まれ、このときPORTBはメモリと同様に読み書きできる。

[†] PORTの出力はほとんどすべてtri-state出力で、それが遮断状態のときPORTは入力に使うことができる（出力がオープンドレーンの場合もある）。

10.3 いくつかの専用レジスタ

PORTBへディジタル出力するときは，回路ではWR PORTBだけクロック作動し，データバス側からビットがPORTBのD FlipFlopに記憶させられる。PORTBのディジタル出力は，CCP1とマルチプレクスされているのでCCP1OUT Enableが0のとき，またPORTBがディジタル出力に設定されているとき，I/Oピンに出力される。

PORTBのアドレスは06_h（バンク0），TRISBのアドレスは86_h（バンク1），ANSELHのアドレスは189_h（バンク3）である。

I/OピンはWeak Pull-up（微小電流を流すことでハイレベルにする）機能があり，それは，$\overline{\text{RBPU}}$=0, Analog Input Mode=0, TRISB=1, WPUB=1すべてを満たすとき機能する。$\overline{\text{RBPU}}$は全桁プルアップのマスタ制御で，**OPTIONレジスタ**（表は省略）のビット7の桁にあり初期値は1である。$\overline{\text{RBPU}}$が0で，**WPUB**（Weak Pull-up PORTB）**レジスタ**（表は省略）の桁ごとに1を書き込むこと（回路ではWR WPUB（Write Weak Pull-up PORTB））で，ディジタル入力設定時，その桁のディジタルI/Oピンは微小電流でプルアップされる。ただしプルアップされていてもいなくても，ディジタル入出力，アナログ入力の端子として使うことはできる。

（4）INTCON

INTCON（interrupt control）レジスタは，各種割込みマスクと各種割込みフラグのレジスタである（**表10.13**）。この中にPORTBによる割込みに関するマスクとフラグの桁がある。ただしPICではマスク（割込み不可）の反対の言葉，イネーブル（割込み可）が使われる。

表10.13 INTCONレジスタ

R/W-0	R/W-0	R/W-0	R/W-0	R/W-0	R/W-0	R/W-0	R/W-x
GIE	PEIE	T0IE	INTE	RBIE	T0IF	INTF	RBIF

RB0をディジタル入力に設定時，RB0のI/Oピンは，立上り，または立下り，どちらかのエッジでCPUに割込みを知らせる**外部割込み**（External Interrupt）要求端子として使うことができる。

この割込みが発生すると，INTCONレジスタの**外部割込みフラグINTF**（INT External Interrupt Flag bit）に1が立つ。このとき，INTCONレジスタの**GIE**

(Global Interrupt Enable bit) と **INTE**（INT External Interrupt Enable bit）に 1 が設定されていれば（どちらもマスク解除されていれば），この割込みは CPU に受け付けられる。**図 10.8** に，割込み要求が CPU に受け付けられるまでの論理を示す。その他のいくつかの割込み要求に対する INTE と INTF を，図では簡略化のためその他の INTE，その他の INTF で代表させている。

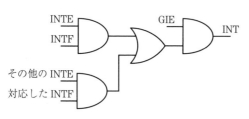

図 10.8 INTE は外部割込みのマスク解除，INTF は外部割込みフラグ。その他の INTE はその他のある種の割込みのマスク解除，対応した INTF はそのマスク解除した割込みのフラグ

これらのビットはすべて初期設定では 0 になっている。

OPTION レジスタ（表は省略）のビット 6 の桁の INTEDG のビットで，割込み要求信号の立上りエッジ，立下りエッジ，どちらかで割込みがかかるように設定できる。初期設定では 1 で立上りエッジである。

以上で RB0 は外部割込み入力として使うことができる。

割込みが受け付けられると GIE は 0 になり，以降の割込みは受け付けられない状態になって割込みルーチン処理が始まる。割込みからのリターン命令実行で GIE は 1 になり，再度割込みは受け付け可能になる。このとき割込みフラグ INTF に 1 が立ったままだとその割込みがまた受け付けられて割込みから抜け出せなくなるので，割込みリターン命令の前に INTF を 0 にしておく必要がある。割込みフラグはすべて同様である。

またディジタル入力設定時，PORTB のすべての桁は **Interrupt-On-Change** として使うことができる。Interrupt-On-Change とは，ディジタル入力設定時，ディジタル入力が変化したとき割込み要求できる機能である。この割込み要求は，RD PORTB のとき設定されたフリップフロップの値とその後（システムクロック Q3 パルス時）の値が異なったとき発生する。

PORTB のすべての桁を Interrupt-On-Change 割込み入力として使うためには，INTCON レジスタの GIE と **RBIE**（PORTB Change Interrupt Enable bit）に 1 を入れることで，これらの割込みマスク解除を行う。RBIE は**図 10.8** の

"その他の INTE" の1つである。これらのビットは初期設定では0になっている。

PORTB の少なくとも1つどれかの桁に Interrupt-On-Change 割込み要求が入力されると，INTCON レジスタのビット0の **RBIF**（PORTB Change Interrupt Flag bit）に1が立つ。RBIF は図 10.8 の "対応した INTF" の1つである。割込みフラグに1が立つことで割込みが受け付けられる。RBIF のビットは初期設定では不定であるので，この割込みを使う場合には0にしておく必要がある。

以上で PORTB のすべての桁は Interrupt-On-Change 割込み入力として使うことができる。

割込みが受け付けられてからの GIE と割込みフラグに関しては，RB0 を外部割込み入力として使う場合と同じなので省略。

CCP1

CCP1（capture, compare, PWM1）はパルス数を数え（capture）たり，それを使って設定値と比較し（compare），PWM（pulse width modulation）信号をつくる機能である。この機能の回路が別にあり，ディジタル出力設定時，図 10.7 の CCP1OUT Enable によってマルチプレクサを制御することで，PWM 出力を PORTB の端子から出力することができる。

〔5〕 **コンフィギュレーションワードレジスタ**

コンフィギュレーションワードレジスタ（configuration word register）は，クロック周波数，各種リセット，メモリ保護などの設定に使われる。ただし，これはデータ領域におかれたレジスタではなく，プログラム領域におかれたレジスタで，プログラムでアクセスできないので，プログラミング時にアセンブラ等により設定される。詳細は章末の文献を参照されたい。

10.4 命令セット

PIC のマニュアルでは，命令セットは，Byte-oriented file register operations（オペコード6ビット，オペランド8ビット），Bit-oriented file register operations（オペコード4ビット，オペランド10（ビット幅8の桁位置情報3＋バンク内

のファイルレジスタ情報7）ビット），Literal and control operations（オペコード3 or 6 ビット，オペランド11 or 8 ビット（プログラムメモリページ内アドレス情報11 ビット，または，データ情報8 ビット））で分類されている。

ここでは命令の性質：データ転送，算術論理演算，分岐，システム制御，で分類して説明することとする。

■ 本節で使う記号の約束 ■

"k"はリテラルアドレッシングにおけるアドレスまたはデータの即値。

オペランドとコメント文中，"f"は各種 file register の1つ，"W"は working register（これは file register に含まれない），"d"は destination（結果の容れ物）となるレジスタのことでWまたはfのどちらかである（省略するとWになる）。file register を使う演算命令でdがfの場合（例えば $f = f + 1$ ），結果を file register に入れることになるので，読出しと書込みに2回ファイルアクセス（read-modify-write operation）を行う。

"変化するフラグ"とは命令実行後変化する STATUS 内のフラグのことである。

コメント文中，"="は代入演算子である。

"命令サイクル"とは1命令実行（命令デコードも含む）にかかる時間のことで，1命令サイクルはシステムクロック4サイクル分である。

〔1〕 データ転送命令

命令名	opcode	operand	変化するフラグ	コメント		命令サイクル数
move	MOVF	f, d	Z	move f to d	d = f	1
	MOVWF	f		move W to f	f = W	1
	MOVLW	k		move literal to W	W = k	1
clear	CLRF	f	Z	clear file	f = 0	1
	CLRW		Z	clear W	W = 0	1
	CLRWDT		$\overline{TO}, \overline{PD}$	clear Watchdog Timer		1
bit set	BSF	f, b		bit 'b' in register 'f' is set		1
bit clear	BCF	f, b		bit 'b' in register 'f' is cleared		1
swap	SWAPF	f, d		swap the upper and lower nibbles in f		1

10.4 命令セット

<例1>

以下の命令は，おたがい関連なし。

```
MOVF     PORTA,W    ;W＝PORTA
MOVF     PORTA,f    ;PORTA＝PORTA  ;(これはPORTAをZero
チェックしたいときに使われる。  ;PORTAが0のとき，Z＝1となる。)
MOVWF    PORTA      ;PORTA＝W
MOVLW    d'10'      ;W＝10_d
```

上から3つは直接アドレッシング，最後はリテラルアドレッシングの例。

注意 moveはcopyのことである。アドレスの異なるファイルレジスタ間でデータ転送するときは，データは転送元ファイルレジスタからまず一旦Wに入れられ，次にWから転送先ファイルレジスタへ送られる。

<例2>

間接アドレッシングの例。FSRがポイントする0x20〜0x2Fをクリアする。

```
         MOVLW    0x20      ;W＝0x20 (W＝0010 0000_b)
         MOVWF    FSR       ;FSR＝W (ポインタ設定)
next     CLRF     INDF      ;*FSR＝0
         INCF     FSR       ;increment pointer
         BTFSS    FSR,4     ;Bit Test File bit4 Skip if Set
         GOTO     next      ;
continue                    ;yes continue
```

;*FSRはFSRがポイントするファイルレジスタのこと(10.3節のINDF,FSRレジスタ参照)。INDFは間接アドレッシングでオペランドに使われるファイルレジスタである。

<例3>

```
BSF      PORTA,7   ;RA7＝1 (PORTAの最上位の桁RA7＝1。
                   ;オペランドの7はRA7と書くこともできる)
```

<例3>の命令はデータをどこかから転送しているわけではない。ここではこれらの命令を，オペコード内にデータがあるとみなしてデータ転送命令に分類した。

<例4>

割込みルーチン先頭で，STATUS,working registerをそれぞれユーザーの定義文で定義されたSTATUS_buff, Working_buffに保存する場合。STATUSの保管ではWを経由することに注意。

```
    MOVWF    Working_buff        ;Working_buff＝W（W保管）
    MOVF     STATUS,W            ;W＝STATUS
    MOVWF    STATUS_buff         ;STATUS_buff＝W（STATUS保管）
```

＜例5＞

割込みからのリターン命令前に，STATUS_buff，Working_buff に保存されていた STATUS, Working register をそれぞれを復旧する場合。最初に間違い例。

```
    MOVF     STATUS_buff,W       ;
    MOVWF    STATUS              ;STATUS 復旧
    MOVF     Working_buff,w      ;W 復旧
```

とするとき，3番目の命令ではZフラグが変化する可能性があるので，STATUSの復旧はできない。そこで，以下のようにする（以下の SWAPF 命令は swap the upper and lower nibbles in f：ファイルの上位下位それぞれ4ビットを入れ替える命令）。

```
    MOVF     STATUS_buff,W       ;
    MOVWF    STATUS              ;STATUS 復旧
    SWAPF    Working_buff,f      ;STATUS 不変
    SWAPF    Working_buff,W      ;W 復旧，STATUS 不変
```

〔2〕 算術論理演算命令

命令名	opcode	operand	変化するフラグ	コメント		命令サイクル数
add	ADDWF	f, d	C, DC, Z	add W and f, store result in destination	d＝W＋f	1
	ADDLW	k	C, DC, Z	add literal and W, place result in W	W＝W＋k	1
subtraction	SUBWF	f, d	C, DC, Z	subtract W from f, store result in destination	d＝f－W	1
	SUBLW	k	C, DC, Z	subtract W from literal, place result in W	W＝k－W	1
increment	INCF	f, d	Z	increment f, store result in destination	d＝f＋1	1
decrement	DECF	f, d	Z	decrement f, store result in destination	d＝f－1	1
and	ANDWF	f, d	Z	logical-and W with f, store result in destination	d＝W and f	1
	ANDLW	k	Z	logical-and W with literal, place result in W	W＝W and k	1

10.4 命令セット

命令名	opcode	operand	変化するフラグ	コメント		命令サイクル数
inclus-ive or	IORWF	f, d	Z	logical-or W with f, store result in destination	d = W i or f	1
	IORLW	k	Z	logical-or W with literal, place result in W	W = W i or k	1
exclus-ive or	XORWF	f, d	Z	logical-xor W with f, store result in destination	d = W xor f	1
	XORLW	k	Z	logical-xor W with literal, place result in W	W = W xor k	1
comple-ment	COMF	f, d	Z	complement f, store result in destination	d = not f	1
rotate	RLF	f, d	C	rotate left file through carry flag, store result in destination		1
	RRF	f, d	C	rotate right file through carry flag, store result in destination		1

以下2例ではWに0000 0010$_b$が入っているとする。

＜例1＞
```
ADDLW    b'11111111'    ;W=0000 0010_b+1111 1111_b
                        ;W=0000 0001_b,C=1,DC=0,Z=0 となる。
```

＜例2＞ PIC では減算は負数の和で行われる。
```
SUBLW    1    ;W=1+(-W)=0000 0001_b+1111 1110_b,
              ;W=1111 1111_b,C=0,DC=0,Z=0 となる。
; 減算の場合 B (Borrow 借) = not C で,
; C=0 は B=1 (借りあり) を表す。
; SUBLW であるが subtract W from L で, subtract L from W ではな
いことに注意。
```

以下3例ではWに1000 0000$_b$が入っているとする。

＜例3＞
```
ANDWF    PORTA,W    ;W=W AND PORTA (ビットごとの AND)
                    ;W の最上位ビットを W7 とおくと,
                    ;W7=RA7,Wn=0 (n は 7 以外) となる (図10.9)。
                    ;RA7=0 のとき Z=1, RA7=1 のとき Z=0 となる。
```

AND 演算命令は桁ごとの AND 演算命令である。この例では**図 10.9**(b)に示す意味にもなる。

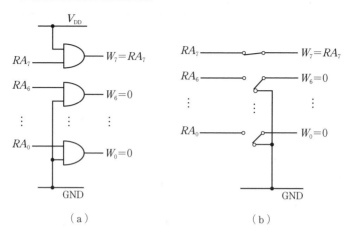

(a) (b)

図10.9 $W = 1000\ 0000_b$ のとき，W = W AND PORTA の命令を実行したときの入出力関係。ゲートの働きをしていることが分かる

<例4>

```
IORWF    PORTA,W
         ;W = 1000 0000b OR PORTA（ビットごとの OR）
         ;W の最上位ビットを W7 とおくと，
         ;W7 = 1,Wn = RAn（n は 7 以外）となる（図10.10）。
         ;Z = 0 となる。
```

IOR 演算命令は桁ごとの OR 演算命令である。この例では**図10.10**（b）に

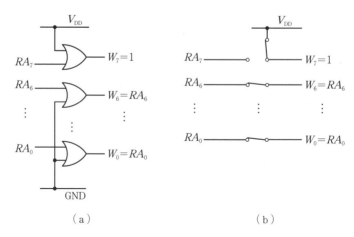

(a) (b)

図10.10 $W = 1000\ 0000_b$ のとき，W = W OR PORTA の命令を実行したときの入出力関係。AND とは異なるが，ゲートの働きをしていることが分かる

10.4 命令セット

示す意味にもなる。

<例5>

```
XORWF    PORTA,W  ;W=1000 0000b XOR PORTA
```

XOR（Exclusive OR）は桁ごとの XOR である。オペランド PORTA, W それぞれにおいて同じ桁の一方が 1 なら他方を反転し，0 ならそのままで出力する（**図 10.11**）。または，同じ桁で一致しなければその桁は 1，一致するとき 0 になるともいえる。したがって，すべてのビットで一致するとき出力はすべて 0 となり，Z=1 となる。その意味でこの命令は**比較**（compare）命令ともいえる（**図 10.12**）。

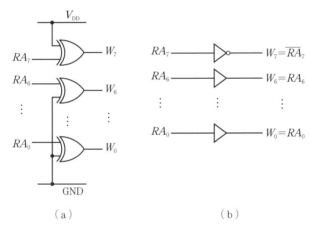

図 10.11 $W=1000\ 0000_b$ のとき，W = W XOR PORTA の命令を実行したときの入出力関係。XOR はインバータにもドライバにもなる

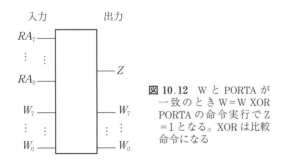

図 10.12 W と PORTA が一致のとき W = W XOR PORTA の命令実行で Z = 1 となる。XOR は比較命令になる

＜例6＞

以下の命令の前にある汎用レジスタ dataX が設定されており，そこにデータが入っているとする．

```
COMF      dataX,W   ;W=￣dataX
```

この命令は1の補数をとりWへ入れよ，の意味．この結果に1を加算すれば2の補数型（整数型）2進数による負数になる．

＜例7＞

以下の命令の前にある汎用レジスタ dataX に 0000 0011$_b$ が入っているとする．また C=0 とする．

```
RLF       dataX,f
          ;rotate left file through C (図10.13(a))．
```

この例では，C=0，dataX=0000 0110$_b$ となる．これより，dataX を2倍したい場合にこの命令が使えることがわかる．また，dataX を2分の1したい場合には，RRF の命令が使えることが分かる．

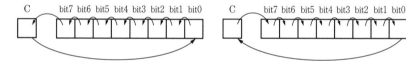

（a）RLF（rotate left file through C）　　（b）RRF（rotate right file through C）

図10.13 2つの rotate 命令

〔3〕 分 岐 命 令

命令名	opcode	operand	変化する フラグ	コメント	命令サイクル数
skip	INCFSZ	f, d		increment f skip if zero	1 (2)
	DECFSZ	f, d		decrement f skip if zero	1 (2)
	BTFSC	f, b		bit test f skip if clear	1 (2)
	BTFSS	f, b		bit test f skip if set	1 (2)
call	CALL	k		call subroutine	2
goto	GOTO	k		goto address	2
return	RETFIE			return from interrupt, interrupts are enabled (INTCON, GIE=1)	2
	RETLW	k		return with literal in W	2
	RETURN			return from subroutine	2

10.4 命令セット

ここの分岐命令は skip を除き，命令実行に2命令サイクルかかる。skip 命令ではスキップしない場合は1命令サイクル，スキップする場合は2命令サイクルで実行される。

＜例1＞
```
  ;スキップするまでの命令サイクル数を求める。
  ;汎用レジスタに Delay の名で変数領域が確保されているとする。
1      CLRF    Delay       ;Delay=0
2 delayLoop:
3      INCFSZ  Delay,f     ;Delay=Delay+1,skip if zero
4      GOTO    delayLoop
5 skipHere:
```

2,3,4行で255回ループする間（Delay が255まで増加する間），INCFSZ が1命令サイクル，GOTO が2命令サイクルで計 255×3＝765 命令サイクルかかる。

その後で3行を実行すると，Delay は0になる。このとき，5行へスキップする場合の命令サイクルは2なので，このループが始まってからループを出るまでには，767命令サイクルかかる。

ということで，上記プログラムは1行目から始まりから5行目に来るまでで768命令サイクルかかる。

このプログラムは，LED点滅などを人が認識できる速度にするための時間待ちプログラムの一部分などに利用される。

なお，3行目の命令では，1命令サイクルに Delay 変数のデータを読み込み，Delay＋1 の結果をその変数に書く。つまり1命令サイクルに2度メモリアクセスしている。

＜例2＞

STATUS_buff と Working_buff に保管されていた STATUS と Working register を復旧（〔1〕データ転送命令の＜例5＞（172頁参照））してから割込みリターンする例。

```
  MOVF    STATUS_buff,w    ;
  MOVWF   STATUS           ;STATUS 復旧
  SWAP    Working_buff,f   ;STATUS 不変
  SWAP    Working_buff,w   ;W 復旧，STATUS 不変
  RETFIE                   ;PC 復旧，GIE=1
                           ;(マスク解除して，割込みからリターン)
```

PIC には命令セットとして相対アドレッシングの分岐命令はないが，10.3

節〔2〕での説明のように工夫すれば可能である。

〔4〕 システム制御命令

命令名	opcode	operand	変化するフラグ	コメント	命令サイクル数
sleep	SLEEP		$\overline{TO}$, $\overline{PD}$	The processor is put into Sleep mode with the oscillator stopped.	1
no operation	NOP			no operation	1

PIC は，sleep 命令が実行されるとプロセッサのクロックは停止し，省電力モードになる。$\overline{TO}$ (not Time Out) は 1，$\overline{PD}$ (not Power Down) は 0 にセットされる。ただしこのとき PORT 出力に負荷が接続されており，PORT 側からあるいは PORT 側へ電流が流れていれば，それはそのまま保たれる。sleep 解除は wake-up on change 設定された入力の電圧変化や，sleep 中も動作する低電力発振器出力信号を用いたタイマ 1 で行うことができる。

> スリープ解除は各種割込み要求で行うことができる。

NOP 命令は 1 命令サイクルの時間だけ経過するが，プロセッサは何もしない。これは時間調整のためなどで利用される。

引用・参考文献

1) MICROCHIP PIC16F882/883/884/886/887 Dara Sheet 2009 Microchip Technology Inc. http://ww1.microchip.com/downloads/en/DeviceDoc/41291F.pdf（2014）
2) MICROCHIP PICmicro™ Mid-Range MCU Family Reference Manual 1997 Microchip Technology Inc. http://ww1.microchip.com/downloads/en/DeviceDoc/33023a.pdf（2014）

10章の演習問題

(1) (a) アドレスバス幅 9 ビットのアドレス空間を上位何ビットかのアドレスを使って 4 つの等容量のバンクに分けたい。どうすればよいか。
(b) それぞれのバンクのアドレス空間のアドレス範囲を 16 進数で答えよ。

(2) (a) アドレスバス幅9ビットのプログラムメモリは4つの等容量のページに分けられている。このページ内だけでアドレス指定するなら必要なアドレスバス幅は何ビットか。

(b) 幅8ビットのレジスタ内の桁を指定するために必要な情報量は何ビットか。

(3) 各PORTのディジタルI/Oインタフェースとしての初期設定は，すべて入力に（プルアップ可能なPORTBは初期設定ではプルアップされないで）設定されている。なぜか？

(4) const が以下のように定義されているとき

　　　const　　EQU　　　h'7F'

以下の命令を実行したときWには何が入るか。16進数で答えよ。

(a)　MOVLW　　const　　　(b)　　MOVLW　　const＋1
(c)　MOVF　　const, W　　(d)　　MOVF　　const＋1, W

(5) 本文中のPIC命令セットから適切な命令を使い以下の問いに答えよ。

(a) 変数countBuffが定義されているとして，countBuffに3を入れるプログラムを書け。

(b) countBuffに3が入っているとする。減算3-2を行い結果1をcountBuffに入れるプログラムを書け。PICの減算は負数の和で行われる。減算命令実行後ステータスレジスタのCはどうなるか？

(c) また，countBuffに1が入っているとき，減算1-2を行い結果-1をcountBuffに入れるプログラムを書け。PICの減算は負数の和で行われる。減算命令実行後ステータスレジスタのCはどうなるか？

(6) PORTAはバンク0にある。PORTAのディジタル入出力設定用レジスタTRISAはバンク1にあり，0でoutputに1でinputに設定される。本文中のPIC命令セットから適切な命令を使い以下の問いに答えよ。

(a) PORTAの上位4ビットを入力ポートに，下位4ビットを出力ポートに設定したいとする。PORTAがアナログ入力として使わない設定になっており，またバンク1が使える状態になっているとして，TRISAの設定プログラムを書け。

(b) バンク0が使える設定になったとして，PORTAの上位4ビットだけ残して下位4ビットは強制的に0にしてWレジスタに読み込むためのプログラムを書け。

(7) Wにb'1111 0000'が入っているとする。データメモリ内に確保された8ビット長ファイルdataFileにb'0011 0011'が入っているとする。次の2行の同じ命令を連続して実行するとき，dataFileの結果をコメントとして書け。

(a)　XORWF　　dataFile, f; dataFile =
(b)　XORWF　　dataFile, f; dataFile =

(8) 8ビット長dataFileにb'0000 0011'が入っているとする。次の2行の命令を連続して実行するとき，Wの結果をコメントとして書け。

(a) COMF   dataFile, W   ;W＝
(b) ADDLW   1   ;W＝

（9）割込みルーチン先頭で，STATUSレジスタとWorkingレジスタの内容を，STATUS_buffとW_buffに保存する以下のプログラムは間違っている。間違いは何か，正しくするには，どうすればよいか。

```
1    MOVF    STATUS,W
2    MOVWF   STATUS_buff
3    MOVWF   W_buff
```

（10）つぎのプログラムについて，コメントを参照して以下の問いに答えよ。ただし，変数countBuffは8ビット長として定義済みとする。

```
1          CLRF    countBuff      ;countBuff＝0
2 loop:    DECFSZ  countBuff, f
                                  ;countBuff＝countBuff－1, skip if zero
3          GOTO    loop
4 skipHere:
```

(a) 初めて2行目を実行したら，countBuffの値はどうなるか。
(b) 初めて2行目を実行したら，次に何行目を実行するか。

（11）PICではFSRレジスタにポイント用アドレスを入れ，オペランドにINDFを書くことで，8ビット幅アドレス空間内の間接アドレッシングすることができる。最初FSRレジスタに0x70が入っているとして，アドレス0x70～0x7Fのメモリにデータ0x30～0x3Fを書き込むアセンブリプログラムを，本文中の例を参考にして書け。データ一時保存用ファイルとしてasciiBufが定義されているとせよ。

演習問題の解答

1～2章
（1）**解表1** 参照

解表1

10進コード	8ビット 2進コード	16進コード
10	0 0 0 0 1 0 1 0	0A
20	0 0 0 1 0 1 0 0	14
90	0 1 0 1 1 0 1 0	5A
127	0 1 1 1 1 1 1 1	7F
17	0 0 0 1 0 0 0 1	11
240	1 1 1 1 0 0 0 0	F0

（2） $7_{10} = 13_4 = 111_2$ $8_{10} = 20_4 = 1000_2$ $9_{10} = 21_4 = 1001_2$
（3） 本文参照。
（4） $\log_2 89 =$ 約 6.48 bit。2進数でコードにするには7ビット必要。
（5） 1000×2 Byte/page。$10^9 / 2000 = 50$ 万ページ
（6） 24ビット
（7） (a) $\log_2 1670$ 万 = 約 24 bit。$24 \times 1024 \times 768 =$ 約 18.9 Mbit　(b) 約 423 枚
（8） (a) $\log_2 100 =$ 約 6.64 bit　(b) 約 3.32 bit　(c) 2進コードにするには7ビット必要。
（9） (a), (c) は各自で　(b) 約 18.9 Mbit / 14.4 Mbps = 約 1.3 秒
（10） b_6 が常に0になっている。

3章
（1） **解表2**（a），（b）参照
（2） (a) **解表3** 参照
　　(b) (A) $0101 + 0010 = 0111$　(B) $0110 + 0010 = 1000$　(C) $1011 + 1110 = 1001$
　　　(D) $1010 + 1110 = 1000$
　　(c) (B) オーバーフロー

演習問題の解答

解表2 (a)

2進数（8ビット絶対値型）	10進数	16進数
0011 0010	50	32
0110 0100	100	64
0101 1010	90	5A
1010 0101	165	A5
1010 0100	164	A4
0100 0101	69	45
1000 1010	138	8A

解表2 (b)

2進数（8ビット整数型）	10進数	16進数
1100 1110	-50	CE
1001 1100	-100	9C
0101 1010	90	5A
1010 0101	-91	A5
1010 0100	-92	A4
0100 0101	69	45
1000 1010	-118	8A

解表3

2進数（4ビット整数型）	10進数	2進数（4ビット整数型）	10進数
0000	0	1000	-8
0001	1	1001	-7
0010	2	1010	-6
0011	3	1011	-5
0100	4	1100	-4
0101	5	1101	-3
0110	6	1110	-2
0111	7	1111	-1

（3） **解表4**参照

解表4

	10進数範囲		
16ビット絶対値型2進数	0	～	$2^{16}-1=65535$
16ビット整数型2進数	$(-1)\times 2^{15}=-32,768$	～	$2^{15}-1=32767$
32ビット絶対値型2進数	0	～	$2^{32}-1=4294967295$
32ビット整数型2進数	$(-1)\times 2^{31}=-2,147,783,648$	～	$2^{31}-1=2147783647$

（4） **解表5**参照

解表5

2進数（4ビット整数型）	10進数	2進数（4ビット整数型）	10進数
00.00	0	10.00	-2
00.01	0.25	10.01	-1.75
00.10	0.5	10.10	-1.5
00.11	0.75	10.11	-1.25
01.00	1	11.00	-1
01.01	1.25	11.01	-0.75
01.10	1.5	11.10	-0.5
01.11	1.75	11.11	-0.25

（5） (a) 0.01010101 (b) −0.00130
（6） **解表6**（a），（b），（c）参照

解表6（a）

	10進数	s	e	f
A	3.00	0	1000 0000	1000 0000 0000 0000 0000 000
B	−3.00	1	1000 0000	1000 0000 0000 0000 0000 000
C	2.66×10^{36}	0	1111 0111	1111 1111 1111 1111 1111 111

解表6（b）

	s	e	f
A	0	1000 0000	1000 0000 0000 0000 0000 001
B	1	1000 0000	0111 1111 1111 1111 1111 111
C	0	1111 1000	0000 0000 0000 0000 0000 000

解表6（c）

	10進数
A	2.38×10^{-7}
B	2.38×10^{-7}
C	1.58×10^{29}

（7） (a) $2^{-23} = 1.19 \times 10^{-7}$ (b) $2^{-52} = 2.22 \times 10^{-16}$

4章

（1） (a) 人聴覚の最高周波数 20 kHz，CD 標本化のナイキスト周波数は 22.05 kHz で，これは＞20 kHz なので標本化定理の条件を満たす
　　 (b) 65 536 (c) 4×2^{-17} = 約 31 μV
（2） (a) 4.15 GByte (b) 0 から 96 kHz 未満
（3） 標本化の時間は $t = n/f_s$ $(n = 0, 1, 2, 3, \cdots)$ とおける。
　　 (a) $\sin 2\pi(7f_s/8)(n/f_s) = \sin 2\pi(7n/8) = \sin 2\pi(1 - n/8) = -\sin 2\pi(n/8)$ これは $-\sin 2\pi(f_s/8)(n/f_s) = -\sin 2\pi(n/8)$ に一致する。
　　 (b) $\cos 2\pi(7f_s/8)(n/f_s) = \cos 2\pi(7n/8) = \cos 2\pi(1 - n/8) = \cos 2\pi(n/8)$ これは $\cos 2\pi(f_s/8)(n/f_s) = \cos 2\pi(n/8)$ に一致する。
（4） 省略
（5） 保存，再生において情報劣化が起こりにくい。計算でデータ加工ができる。計算で使う数値精度には制限がない。
　　 アナログの利点：連想で直感的に分かりやすい。連続した現象は連続して表示できる。
（6） A-D 変換器出力の下の桁はノイズのデータである確率が高く，したがって下の桁ほど無意味なので削除してよい。
（7） A-D 変換器分解能を上げ，標本化周波数を上げる。ただし回路にノイズがあれば SN 比上限が決まるので，A-D 変換器の分解能を上げる前にまず回路ノイズを小さくすることが必要。
（8） マクローリン展開では，$\pi = 4(1 - 1/3 + 1/5 - 1/7 + \cdots)$ の級数計算が得られる。誤差は，級数を途中で打ち切ることで打切り誤差がでる。級数を増やすと誤差は小さくできる。有効数字は打ち切りで決まる。円周を巻尺で計る場合，巻尺が，mm まで目盛が付いているなら，誤差は最大 0.5 mm と考えてよい。有効数字は目盛で決まる。

5〜6章

（1） **解図1**（a）〜（d）参照

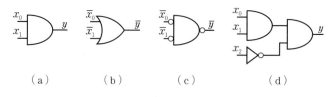

解図1

（2） **解図2** 参照
（3） **解図3** 参照

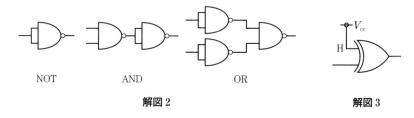

解図2　　　　　　　　　　　　　　解図3

（4） 大きく分けて2つある：(1) 信号が規定のレベルに達しないことが起こる。(2) 回路が発熱する。

それぞれのわけ：(1) 負荷には必ず少なくともコンデンサ容量がある。また負荷に電流を流す回路には必ず少なくとも抵抗がある。そのため，負荷の電圧がハイまたはローになるとき抵抗で電流制限されるので，コンデンサの充電放電に時間がかかる。

(2) パルスのレベル変化時に充電放電の電流が流れる。パルスが高速変化するほど時間当たりの充放電回数が増すので電流が増す。したがって損失も増し，発熱も増す。

（5） ノイズへの注意：論理回路入力のノイズは回路規定のノイズマージンを超えてはいけない。回路のスイッチング時のパルス状電流が電源線路の電圧変動を起こすので，これを小さくするために電源線路の抵抗とインダクタンスを小さくし，負荷両端付近に高速充放電できるコンデンサを付ける。信号線路のインダクタンスと浮遊容量とで共振現象を起こし振動電圧が発生するとき，これを抑えるためにこれらに直列に小さい抵抗を入れる。外部からノイズが入らないよう全体を遮蔽したり，電源線路にフィルタを入れる。

負荷への注意：出力回路のトランジスタの駆動能力には限界があることに注意。負荷が大きすぎると出力信号レベルが規定に達しない。

信号速度への注意：信号速度があまりに速くなると信号が規定レベルに達しなくなる。

(6) 電流 $= 8 \times 6 \times 10^{-12} \times 3 \times 100 \times 10^6 = 14.4$ mA, 電力 $= 14.4 \times 3 = 43.2$ mW
(7) 解図 4 参照。長方形ブロックは 3 ビット加算器とする。
(8) 解表 7 (a) 〜 (c) 参照

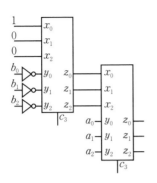

解表 7 (a)

入力		G	出力 Y_0	出力 Y_1
A	B	0	0	B
A	B	1	A	0

解表 7 (b)

入力		G	出力 Y_0	出力 Y_1
A	B	0	A	1
A	B	1	1	B

解表 7 (c)

入力		G	出力 Y_0	出力 Y_1
A	B	0	A	not B
A	B	1	not A	B

解図 4 3 ビット幅減算回路

(9) 解図 5 参照, (10) 解図 6 参照, (11) 解図 7 参照

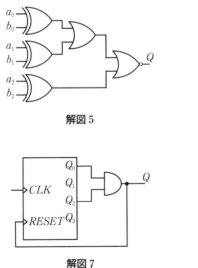

解図 5

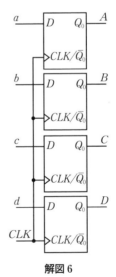

解図 7

解図 6

7章

(1) (a) 本文参照

(b) ROM は, コンピュータの電源 ON のとき実行すべきプログラムを入れることに使われる。RAM は, コンピュータ起動後, 外部からデータやプログラムを入れることに使われる。これらを逆に行うことはできない。

(2) $0 \sim 2^n - 1$ 番地
(3),(4) 本文参照
(5) データは加工用情報あるいは参照用情報。プログラムはデータを入力し，データを加工したり参照したりして，結果のデータを出力するまでの方法。
(6),(7) 本文参照
(8) コンピュータの電源 ON のときリセットが働き，リセットベクトルからプログラム処理が始まる。電源 ON のとき使える記憶は ROM にある。
(9) プログラムの命令の間にサブルーチンや割込みルーチンが入ること。
(10) サブルーチン呼出しでは，呼出し元の次の命令に戻るためにその命令のアドレスをスタックに保存するので，サブルーチンの中でいくらでも別のサブルーチンを呼び出すと，いつかスタック容量が不足し，呼出し元に戻れなくなる。
(11) 本文参照
(12) 本文にもあるように，行列計算を使うような情報処理に向いている。

8章

(1),(2) 本文参照
(3) (a) クロック周波数が上がるほど回路中のコンデンサの1秒当たりの充電放電回数が上がる。そのときの電流で損失が起こるため。
(b) 周波数が高すぎるとディジタル電圧波形が不完全になる，あるいはディジタル回路の動作には遅延があるので同期がとれなくなる，という可能性が現れる。
(4) (a) $2^9 = 512$ 個 (b) 0 0000 0000 $\sim$ 0 1111 1111$_b$ ($0 \sim 255_d$), 1 0000 0000$_b$ $\sim$ 1 1111 1111$_b$ ($256_d \sim 511_d$) (c) 8 ビット (d) 4096 ビット
(5),(6) 本文参照
(7) (a) PC にはリセットベクトル（リセットされて最初にフェッチされる命令のアドレス）が入る。
(b) PC はスタックに保存され，PC には割込みベクトルが新たに入る。
(8) (a) 1111 1110 + 0000 0001 = 1111 1111 (Z=0, C=0, V=0)
(b) 1111 1110 + 0000 0010 = 0000 0000 (Z=1, C=1, V=0)
(c) 0111 1111 + 0000 0001 = 1000 0000 (Z=0, C=0, V=1)
(9) 正数＋負数＝0 以上の場合，C=1, V=0，正数＋負数＝負数の場合，C=0, V=0
(10) 情報をプッシュで保管するときアドレスの若い向きにスタックメモリに入れられ，情報をポップで取り出すとき最後にプッシュした情報から取り出される。この操作のこと。
(11) スタックへ情報の保管と取り出しをする場合，スタック操作は後入れ先出しで，取り出しが終わればその情報を再度取り出すことはできない。また，次にそこに何が保管されるか分からない。データメモリ領域に情報保管する場合，情報は何度でも取り出しできる。また，そこに次に書き込まれる情報は同じ種類の（変数名が同じ）情報である。

9章

（1） (a) n　(b) $n+m$
（2） IXの内容xをアドレスとするメモリの内容がRへ転送される。
（3） 本文参照
（4） (a) GOTO命令実行でサブルーチンへ分岐した場合，この命令の次の命令のアドレスはスタックへ保管されていないので，サブルーチン最後のリターン命令実行で正しく戻れない。
(b) CALL命令でサブルーチンではないプログラムへ分岐した場合，この命令の次の命令のアドレスがスタックへ保管され，したがって，もしスタックにすでに情報が保管されていたなら，それを取り出したいときに取り出せなくなる。
（5） 本文参照
（6） ラベル（またはシンボル）はアセンブリ言語を使うとき，定数，変数，プログラムの開始アドレスやプログラム内のアドレスの標識，に使われる。
（7） アセンブラがアセンブリソースをアセンブルするとき，
(a) dataBuffを $1000\ 0000_b$ と置き換えてメモリへ配置する。
(b) dataBuff0を $1000\ 0000_b$，dataBuff1を $1000\ 0001_b$ と置き換えてメモリへ配置する。
(c) const1を $0110\ 0100_b$，const2を $1100\ 1000_b$ と置き換えてメモリへ配置する。
(d) その次の行から始まる最初の命令のマシン語のアドレスは4である。変換できたマシン語もアドレス4から配置する。
(e) その行の上の行までをマシン語に変換してメモリへ配置する。
（8） 割込みルーチンを実行することで変化するレジスタを割込みルーチン先頭で退避させ，リターン前に復旧すること。ただし，最小限PCだけはプロセッサがそれを行うのでユーザーが行う必要はない。
（9） 割込みルーチンへ分岐を引き起こすのはコンピュータ内部や外部からの要求で，通常予測できない。サブルーチンへ分岐を引き起こすのはユーザーが必要に応じて書いたプログラム内の分岐命令である。どちらの場合も分岐するときは，PCを一旦スタックに退避させてからPCに分岐先アドレスを入れる。分岐前に戻るときには，リターン命令で退避させていたアドレスをPCに復帰させることで行う。
（10） スタックへ情報の保管と取り出しする場合の命令は，PUSHとPOP。データメモリ領域へ情報の保管と取り出しする場合の命令は，直接あるいは間接アドレッシングのデータ転送命令MOVEなど。

10章

（1） (a) 上位2ビットA8，A7を使ってA8，A7＝(0,0)，(0,1)，(1,0)，(1,1)の場合で分ければよい。
(b) （16進数で）0～7F，80～FF，100～17F，180～1FF
（2） (a) 7　(b) 3

（3） プルアップされない入力設定であれば，リセット後その端子は遮断状態なので，何が接続されていても安全である。

（4） (a) $7F_h$ (b) 80_h (c) アドレス $7F_h$ に入っている値 (d) アドレス 80_h に入っている値

（5） (a)
```
MOVLW    3
MOVWF    countBuff
```
(b) countBuff = 3 になっているとき
```
MOVLW    2
SUBWF    countBuff,f
```
とすればよい。実行後 countBuff = 1, C = 1 となる。

(c) countBuff = 1, W = 2 になっているとき
```
SUBWF    countBuff,f
```
だけでよい。実行後 countBuff = -1(b'1111 1111'), C = 0 となる。

（6） (a)
```
MOVLW    b'11110000'
MOVWF    TRISA
```
(b)
```
MOVF     PORTA,W
ANDLW    b'11110000'
```
または
```
MOVLW    b'11110000'
ANDWF    PORTA,W
```

（7） (a) dataFile = 1100 0011_b (b) dataFile = 0011 0011_b

（8） (a) W = 1111 1100_b (b) 1111 1101_b

（9） 1行目でWレジスタにSTATUSレジスタ内容が入るので，Wレジスタ内容が失われてしまう。行番号3, 1, 2の順番で行うべきである。

（10） (a) countBuff = 1111 1111_b (b) 3行目

（11）
```
          MOVLW    h'70'        ; W=h'70'
          MOVWF    FSR          ; FSR=W
          MOVLW    h'30'        ; W=h'30'
          MOVWF    asciiBuf     ; asciiBuf=W
loop      MOVWF    INDF         ; *FSR=W
          INCF     asciiBuf,f   ; asciiBuf=asciiBuf+1
          MOVF     asciiBuf,W   ; W=asciiBuf
          INCF     FSR,f        ; FSR=FSR+1
          BTFSS    FSR,7        ; bit test file FSR,bit7,skip if set
          GOTO     loop
continue
```

索引

【あ】
アキュムレータ　　　118, 131
アセンブリ言語　　　133
後入れ先出し　　　125
アドレス空間　　　92
アドレスバス　　　87, 112
アドレッシング　　　127
アプリケーションソフト
　ウェア　　　100

【い】
色深度　　　21
インデックスレジスタ　　　123

【う】
打切り誤差　　　12

【え】
エイリアシング誤差　　　49
エンコーダ　　　13

【お】
オーエス　　　100
オーバーフロー　　　28
オーバーフローフラグ　　　119
オフセットバイナリ　　　27
オペコード　　　127
オペランド　　　127
オペレーションコード　　　127
オペレーティングシステム
　　　100

【か】
解像度　　　21
仮数　　　35
画素　　　21

【き】
偽　　　57
記憶容量　　　11
擬似命令　　　135
基数　　　4
キャッシュ　　　111
キャラクタコード　　　18
キャリー　　　74
キャリーフラグ　　　120

【く】
組合せ論理　　　75
組込み　　　106
位　　　3
クロック　　　91

【け】
桁　　　3
ゲート　　　61

【こ】
語　　　13, 85
固定小数点数　　　33
コード　　　1

【さ】
サブルーチン　　　97, 122
算術論理演算　　　84

【し】
識別子　　　96
思考　　　84

指数　　　3, 35
システム制御　　　84
実行する　　　88
周辺装置　　　157
16進数　　　4
主記憶装置　　　93
10進数　　　4
順序論理　　　75
真　　　57
シングルチップマイクロ
　コンピュータ　　　106
シンボル　　　136
真理値表　　　59

【す】
スタック　　　87
スタックポインタ　　　123
ステータスレジスタ　　　119, 159
ストレートバイナリ　　　27
3-state　　　67

【せ】
制御バス　　　87, 113
整数　　　27
ゼロフラグ　　　119
専用レジスタ　　　119

【そ】
ソフトウェア　　　83, 85, 96, 100

【た】
代入演算子　　　118
タイムシェアリング　　　99
立上り時間　　　71
立下り時間　　　71

単精度浮動小数点数 37

【て】

底	3, 35
ディジタル	2
デコーダ	14
データ	83
データ転送	84
データバス	87, 112
伝搬遅延時間	71

【と】

トゥルーカラー	23

【な】

ナイキスト周波数	51
内部記憶装置	86
7セグメントLED	16

【に】

2進化10進数	40
2進数	4
2の補数バイナリ	27
ニーモニック	134
入出力装置	95

【ね・の】

ネスティング	100
ノイズ	72
ノイズマージン	70
ノイマンアーキテクチャ	83

【は】

倍精度浮動小数点数	37
バイト	13
パイプライン	104
バス	11, 86, 92
バス制御部	109
発熱	73
ハードウェア	83, 85, 90, 108

ハーバード・アーキテクチャ	102
ハーフキャリーフラグ	120
半加算器	74
バンク	157
汎用レジスタ	118

【ひ】

比較	175
ピクセル	21
ビット	8, 10
標本化定理	51

【ふ】

ファイルレジスタ	156
フェッチ	88
復号	14
符号	1
符号ビット	27, 32
プッシュ	123
ブート	101
浮動小数点数	35
ブートローダ	94, 101
フラグ	119, 147
フルカラー	23
プログラム	85
プロセッサ	86
分解能	45
分岐	84, 97

【へ】

並行処理	99, 104
ページ	156
ヘッダファイル	144
ベン図	58
変数	118

【ほ】

ポインタ	123, 129, 163
暴走	100
補数	30

ポップ	124
ポート	158

【ま】

マイクロコントローラ	106
マイクロプロセッサ	90, 108
マシン語	85
マスク	116, 148
マルチコア	104
マルチタスキング	99
丸め	12, 35, 45

【め】

命令	84
命令サイクル	155
命令セット	85, 127, 169
メインルーチン	99, 144
メカトロニクス	106
メモリ空間	92

【も】

文字コード	18

【ゆ】

有効数字	12

【よ】

呼出し	97
読出し/書込み	113

【ら】

ラベル	136

【り】

リアルタイム	98
リセット	89, 115
リセットベクトル	89, 115, 122
リターン	97, 98
量子化	43
量子化誤差	45

索引

【わ】

割込み		89
割込みフラグ		116
割込みベクトル	90, 98, 116, 122, 142	
割込みルーチン	98, 116, 122	
ワード		13

【A】

A-D 変換	43
ALU	109
AND	57

【B】

BCD	40

【C】

CPU	86

【E】

EEPROM	94
EMC	72
EXOR	60

【F】

False	57

【I】

IC	12
IOR	175
I/O インタフェース	94, 163
IX	123

【L】

LSB	44

【M】

MSB	27

【N】

NOT	60

【O】

OR	59
OS	100

【P】

PC	121
PIC	134
program counter	121

【R】

RAM	92
ROM	94

【S】

SP	123

【T】

True	57

【X】

XOR	175

―― 著者略歴 ――

松田　忠重（まつだ　ただしげ）
1970 年　姫路工業大学工学部電気工学科卒業
1971 年　神戸市立工業高等専門学校助手
1996 年　神戸市立工業高等専門学校教授
2002 年　博士（理学）（甲南大学）
2011 年　神戸市立工業高等専門学校名誉教授

佐藤　徹哉（さとう　てつや）
1986 年　豊橋技術科学大学工学部電気・電子工学課程卒業
1988 年　豊橋技術科学大学大学院工学研究科修了（電気・電子工学専攻）
1988 年　松下電器産業（現　パナソニック）株式会社勤務
2001 年　博士（工学）（豊橋技術科学大学）
2010 年　神戸市立工業高等専門学校准教授
2012 年　神戸市立工業高等専門学校教授
　　　　　現在に至る

新編 マイクロコンピュータ技術入門
An Introduction to Microcomputer Technologies (New Edition)
Ⓒ Tadashige Matsuda, Tetsuya Sato 2015

2015 年 2 月 27 日　初版第 1 刷発行　　　　　　　　　　　　　　★
2018 年 9 月 20 日　初版第 2 刷発行

検印省略	著　者	松　田　忠　重
		佐　藤　徹　哉
	発行者	株式会社　コロナ社
	代表者	牛来真也
	印刷所	萩原印刷株式会社
	製本所	有限会社　愛千製本所

112-0011　東京都文京区千石 4-46-10
発行所　株式会社　コ ロ ナ 社
CORONA PUBLISHING CO., LTD.
Tokyo Japan
振替 00140-8-14844・電話 (03)3941-3131(代)
ホームページ　http://www.coronasha.co.jp

ISBN 978-4-339-02490-6　C3055　Printed in Japan　　　　　　　　（高橋）

 〈出版者著作権管理機構　委託出版物〉
本書の無断複製は著作権法上での例外を除き禁じられています。複製される場合は，そのつど事前に，出版者著作権管理機構（電話 03-3513-6969，FAX 03-3513-6979，e-mail: info@jcopy.or.jp）の許諾を得てください。

本書のコピー，スキャン，デジタル化等の無断複製・転載は著作権法上での例外を除き禁じられています。
購入者以外の第三者による本書の電子データ化及び電子書籍化は，いかなる場合も認めていません。
落丁・乱丁はお取替えいたします。